Milk

milk

切一切、灑一灑、拌一拌……
活用冰箱內的食材和超簡單的沙拉佐醬

博碩文化

簡單！多樣！好吃！
黃金比例佐醬101種

金煐斌 著
牟仁慧 譯

I ♡ SALAD 好好吃沙拉！

人人都能輕鬆上手的103道沙拉X101種佐醬

好好吃沙拉！

人人都能輕鬆上手的
103 道輕食沙拉 X101 種特製佐醬

作　　者／金煐斌
譯　　者／牟仁慧
發 行 人／葉佳瑛
發行顧問／陳祥輝、竇丕勳
總 編 輯／古成泉
選書企劃／黃郁蘭
執行編輯／黃郁蘭

出　　版／博碩文化股份有限公司
網　　址／http://www.drmaster.com.tw/
地　　址／新北市汐止區新台五路一段112號10樓A棟
TEL / 02-2696-2869 ・ FAX / 02-2696-2867
郵撥帳號／17484299
律師顧問／劉陽明
出版日期／西元2012年7月初版
西元2013年7月初版五刷

建議售價：NT$360元
ISBN-13：978-986-210-620-6
博碩書號：DS21212

國家圖書館出版品預行編目資料

好好吃沙拉！人人都能輕鬆上手的103道輕食沙拉X101種特製佐醬 / 金煐斌作；牟仁慧譯. -- 初版. -- 新北市：博碩文化, 2012.07
面；　公分
ISBN 978-986-201-620-6(平裝)
1.食譜
427.1　　101012793

Printed in Taiwan

Prologue

動起來吧！越吃越健康的沙拉，一起來見證奇蹟！

這8年間，我因為料理與教學遇到了很多的人，有以減肥為動機而開始對沙拉感興趣的20歲女性，也有了家人健康而想要學習沙拉做法的30歲主婦，這兩大族群的學習動機與對料理的掌握度雖然不同，但她們對沙拉感到苦惱的事實卻是相同的。

「食材、沙拉佐醬、食譜！沙拉為什麼這麼難做？」
每當我被問到這個問題的時候，我的回答都是一樣的：「各位！當提到『沙拉』時，你腦袋中第一個浮現的場景是什麼呢？」是吃到飽餐廳自助吧上面陳列的各式各樣蔬菜？還是影集《慾望城市》中，在一個悠閒的午後，女主角們聚集在一起享受早午餐的樣子？我的答案是各式的涼拌菜餚。比起那些華麗漂亮地擺在純白餐盤中的沙拉，我總是會想起當人沒有胃口時，可以刺激食欲的涼拌小黃瓜和各式各樣的涼拌菜。」

切一切、灑一灑、拌一拌……
仔細觀察沙拉的製作過程，你會發現其實它的做法跟我們現在家庭常吃的涼拌菜作法大同小異。當你能夠拋棄對沙拉的成見，你將會對沙拉感到更多的興趣，且會懂得要如何享受它。

「我該如何做才能讓大家每天都想吃對身體有益處的沙拉呢？」這本書是我在經過長久苦思後設計出的食譜，食譜中的食材都是一般家庭冰箱中會有的東西，如此一來大家可以輕輕鬆鬆地享受沙拉。從食材購

買、處理到保管的各種方法及小訣竅我也都有一一整理，讓各位可以一丁點的食材都不浪費，輕鬆做出省錢美味的沙拉。不僅如此，我也將料理過程中常犯的小錯誤特地提點出來，並將製作沙拉時剩下的食材，二度利用做成果汁和三明治。

沙拉佐醬的黃金比例公式是「醋：糖：鹽＝1：2：1/2」，只要依照這個公式，做出來的佐醬不會跟任何的食材衝突。另外，我也利用家家戶戶都有的醬油、韓式味噌、辣椒醬、麻油…等材料，特別設計了符合國人口味的特製沙拉佐醬。如果你現在還不知道該使用何種沙拉佐醬，那麼就請您翻到「推薦沙拉佐醬」的那頁。那裡有著就算每天吃也不會膩的每日佐醬，也有根據食材與口味推薦的特製沙拉佐醬，這本書網羅了這世界上各種的沙拉佐醬！

我將各式各樣的沙拉收錄在這本《好好吃沙拉！人人都能輕鬆上手的103道輕食沙拉X101種特製佐醬》中，本書的內容包含，只需要5分鐘的超簡易沙拉、可以代替正餐的飽足感沙拉、低卡路里的減肥沙拉、跟熱飯熱湯都相當搭配的韓式沙拉、容易被忘記的基本沙拉。

如果您對沙拉感到陌生且困難的話，請一步一步地閱讀這本《好好吃沙拉！人人都能輕鬆上手的103道輕食沙拉X101種特製佐醬》！自助餐廳的沙拉吧和《慾望城市》中的早午餐算什麼？您所做出來的沙拉絕對不會比他們遜色！

金熒斌真心呈上

沙拉的事前準備

沙拉佐醬的事前準備

Part 3 切！灑！拌！超簡單沙拉

Part 4 營養均衡的一盤！飽足感沙拉

Part 5 無負擔輕盈又窈窕的減肥沙拉

Part 6 餐桌的焦點！韓式沙拉

Part 7 容易被忘記的第一步！基本沙拉

蔬菜、水果、肉類、海鮮！

200% 的活用各式各樣的沙拉食材

沙拉
事前準備

美味沙拉的5個黃金法則！

只要遵守這些基本原則，不管是做哪種沙拉，你都絕對不會失敗。

多樣的料理方法

如果沙拉端上桌時，映入眼簾的總是一盤盤的生冷蔬菜，要讓人不厭倦或害怕也很困難，更不用說如果三餐都吃一樣的東西。活用汆燙、拌炒、油炸、食物調理機…等多種料理方式，就可以變化出多樣的菜色。這麼一來，即便是每天都吃沙拉，你也不會感到厭倦。

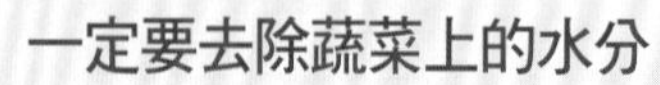

一定要去除蔬菜上的水分

為了要把蔬菜上的殘留農藥及汙染物質洗乾淨，我們都會把蔬菜浸泡在水中反覆清洗好幾次。在清洗完畢後，切記要將蔬菜上殘留的水份給弄乾。蔬菜在含有水分的狀態時，雖然看起來會較為新鮮，但是如此一來卻會沖淡沙拉佐醬的味道，且會導致蔬菜出水變軟和容易變質。只要利用蔬果脫水機或餐巾紙，就可以簡單的把水分去除。

注意小細節
主·副食材、沙拉佐醬以及容器溫度

酸酸甜甜的沙拉佐醬的最佳賞味時刻是它冰涼的時候；水果的黃金賞味時間則是在離開冰箱的15分鐘內，因為此時最能吃到水果的甜味。若想吃到冷沙拉的最佳風味，請記得事先將呈盤的餐具放到冰箱中；裝熱沙拉的盤子則要事先加熱，這樣沙拉較不會在享用沙拉的過程中冷掉。

How to 04

充分考慮各食材的特性與佐料的配合度

當沙拉食材的顏色單調且口味平淡時，此時若淋上華麗且帶刺激性口感的沙拉佐醬，將可以幫助人們增加食慾；使用甜水果做為主食材的沙拉，則可搭配帶有稍許苦味的菊苣或鹹味的海鮮食材，如此一來可以凸顯水果的甜味；香味較強的蔬菜建議搭配海鮮或肉類；香味較淡的蔬菜則建議搭配較無腥味的家禽肉類。

品嚐前再淋下沙拉佐醬
並輕柔拌勻

生蔬菜調味後若過於用力的攪拌，蔬菜將會軟化並產生草味。因此建議佐醬在要品嚐沙拉前淋下，然後輕柔的攪拌均勻。

選購食材的小撇步

沙拉的食材從蔬菜、水果到肉類、海鮮，可以選擇的種類可說是數以萬計。在選購食材時要顧慮吃的人的健康，所以一定要注意食材的營養及新鮮。

1 挑選當季的新鮮食材

所謂當季食材是經過了長久歲月的考驗所存活下來的物種，因為它擁有能適應環境的遺傳因子，所以它的口感及營養是最豐富且較不需要使用農藥及化學肥料。另外，當季食材就算不使用特別的佐醬搭配也非常好吃並有益健康。除了口感好營養高，更重要的是當季食材價格低廉，每個人皆可無負擔地盡情品嚐享用。溫室蔬果的價格相較之下則非常昂貴，所以在冬天你不必堅持一定要吃葉菜類的蔬菜，可以轉而利用大白菜、蘿蔔、菠菜…等蔬菜做出好吃的沙拉。

2 盡量購買尚未處理的食材

最近市面上推出了很多適合單身族或是小家庭購買的1人份包裝蔬菜，但其實蔬果在剝皮或截斷後，它所含的維他命就開始流失。因此，已處理過的蔬果在購買前，蔬果本身的維他命就已流失且易附著細菌。和保持原形販賣的蔬果比起來，它的營養價值及口感都較差。雖然比較麻煩，但還是推薦各位購買尚未處理過的蔬果，如：沾有泥土的紅蘿蔔及馬鈴薯、根部未剪掉的菠菜、整顆的高麗菜和萵苣，或未去皮的鳳梨和瓜類水果。

③ 避免購買沾有水分的葉菜蔬果

沾有水分的葉菜蔬果雖看起來很新鮮，但若就這樣把蔬菜放進冰箱保管，蔬菜會很快就變軟且損壞。雖看起來稍微有點枯萎但不含水氣的葉菜類，較容易保管食材及保持新鮮。葉菜的莖部若是被剪斷或已變色，即表示該蔬菜已經放很久，此時請勿購買之。

④ 均衡購買深色和淺色的蔬果

不同種類及不同顏色的蔬果，其所含有的營養價值及功能都不同。比起淺色蔬果，深色蔬菜與水果所含的維他命C與β胡蘿蔔素較為豐富，反觀淺色蔬果則含有深色蔬果沒有的營養成分。各種蔬菜皆含有不同種的維他命、礦物質及有機質，所以千萬不可偏食，均衡攝取營養才是最有益健康的。舉例來說，胡蘿蔔和菠菜都算是深色蔬果，但其所擁有的營養成分卻不同，吃起來的味道及口感也都不一樣。從營養的角度，人一天最好攝取200克的淺色蔬菜及100~150g的深色蔬菜。

⑤ 逛市場時，請考慮各種食材間的相容性

用蔬菜水果做成的沙拉雖對身體好且富含高營養價值，但若只攝取蔬果，很容易造成營養不均的問題，所以我們一定要均衡攝取五大類食物。均衡攝取肉類、魚類、乾果類、穀類…等食物，才能發生相乘作用讓營養價值發揮到最大。舉例來說，紫蘇葉和牛肉一起食用的話，可增加紫蘇維他命與無機質的吸收，而紫蘇葉中缺乏的脂肪與蛋白質，則可透過牛肉攝取。另外，減肥時若只吃涼性的蔬菜，寒涼之氣將容易累積在體內。久而久之，身體有可能變成濕冷體質，新陳代謝將隨之變差。所以此時一定要記得一併食用溫性蔬菜、肉類或堅果類。

處理食材的小撇步

明明使用相同的食材，但做出來的沙拉口味卻不一樣，到底問題是出在哪裡？秘密就在於處理食材的方法。
現在就公開能夠發揮食材200%味道的秘訣！

① 不要長時間浸泡在水中

製作沙拉時，我們為了要呈現清脆口感，在蔬菜切成方便入口的形狀後，就會把它們浸泡在水中。若是浸泡的時間過長，蔬菜含有的水溶性營養將會流失，且蔬菜特有的香氣與口感也會隨之消失。為了要防止這些問題發生，建議是將蔬菜整顆浸泡在水中，等到要食用的時候，再把蔬菜切成適當的大小。若是蔬菜已經切好，只需要短暫地浸泡於水中即可。

② 事先處理需醃漬的蔬菜，並將外表的鹽巴和水份弄乾淨

「新鮮的蔬菜為什麼要淹漬？」相信各位一定有這個疑問。舉例來說，使用美乃滋做調味的基本沙拉，把水分去除後會比較好吃。使用鹽巴醃漬的蔬菜，在使用前要記得把表面附著的鹽巴洗掉並擰乾，因為表面的鹽巴容易使蔬菜變軟，沙拉佐醬的味道也不易進到蔬菜中，有時甚至還會有苦味。

③ 先處理需要煮熟或汆燙的蔬菜，並將之放涼

在使用南瓜、馬鈴薯和甘藷時，經常會需要先將食材煮熟壓碎或切成大塊。製作冷沙拉時，若將尚未放涼的食材加到盤中，較嫩的葉菜類會熟透，口感也就變差，將無法品嚐到食物的原味。因此一定要等食材變涼後，再把它攪拌均勻。

④ 組織較堅硬的蔬菜先用佐醬調味

萵苣和菊苣類的葉菜類蔬果容易吸附佐醬味道，反觀甘藷、馬鈴薯和南瓜類的食材因組織較堅硬，佐醬的味道就不容易被吸收。所以當這兩種特性不同的蔬菜組合在一起時，入味的程度理所當然就有所不同。此時，建議先調味不易入味的蔬果或先淋上佐醬，讓入味程度達到一致。

⑤ 汆燙葉菜類蔬菜時，水量需足夠且需在短時間內完成

汆燙蔬菜時，有些人怕養份會流失到水中，就只使用少量的水汆燙。但是水量越少時，蔬菜在水中待的時間就要越長，反而使得更多養份流失，水中的農藥及重金屬濃度變高。在鍋中放入充足的水量，再將蔬菜整株放入後立即拿出縮短汆燙的時間，如此一來不僅好吃，也較不會破壞蔬菜的營養價值。有根莖的蔬菜只需將上方不要的葉菜摘掉，然後先從根部或莖部汆燙。要讓蔬菜均勻熟透的話，記得先從硬的部分開始汆燙。

⑥ 肉類先去血水並調味

肉類會產生腥味的元兇就是血水。若是沒有去血水，肉會有腥味且不易入味。尤其是冷盤沙拉若沒有做好處理，肉會有嚴重的腥味，讓人失去食欲。雖然沙拉是和著佐醬一起吃，但只要做好萬全的事前準備，就可以防止腥味產生，佐醬也更容易和食材融合在一起。

保存食物的小撇步

總是想要讓食材保存得更久，但最後卻都進了垃圾桶！
省錢主婦的妙招，不隨便丟棄食材
冷藏·冷凍都變得好簡單！

① 勿長時間擱置在冰箱中

大家總是有著冰箱是萬能的，食物只要放進冰箱後就不會壞掉的迷思，所以我們總是一昧地將處理過或剩菜冰到冰箱。長時間擱置在冰箱內的食材，食物的營養會因冰箱的冷氣遭到破壞，食材的溫度也會影響食物在人體內的消化與吸收。從被採收下來的那一刻開始，蔬果中的維他命和無機物質就開始流失，所以存放的時間越長，食材的風味及口感就越差。舉例來說，花椰菜和蘆筍若長時間放在冰箱中，將會產生一股苦味，而這苦味是不管怎麼料理都去除不掉的。菠菜若長時間放在冰箱，鐵質的吸收程度也會降低，更糟的狀況將可能誘發貧血。因此，不要老把冰箱裝得滿滿滿，一定要經常清理冰箱，才不會發生上述的問題。

② 食材分成小包裝放入冰箱，使其易急速冷凍和解凍

由於現今社會都已小家庭化，即使是購買小包裝的蔬果也難以一次食用完畢，所以我們通常都會將食材燙過，再放入冰箱中冷凍保存。再分裝時切記一定要弄成單次使用的份量，由於份量少冷凍的速度會變快，蔬菜就可以維持在好吃的狀態下。急速冷凍可將食物中的水份瞬間凍結，維持食材既有的美味。另外，單次實用的分量較少，相對之下解凍的時間也能縮短，可說是相當經濟實惠。

③ 附根部的食材保管時將根部朝下站直

在無形之間，蔬菜或水果會受到地心引力的影響，所以與其將之橫向保管，不如將蒂頭或葉子朝上，將更可以長時間的維持食材新鮮度。另外，蔬果在冰箱中仍得呼吸，所以不要收納得過於擁擠，要讓彼此互相有點空間，才能長時間保管。

④ 食用前的30分鐘～1小時再將水果拿出冰箱

除了香蕉和水蜜桃這種放進冰箱會變黑的水果外，大部分的水果都可放在冰箱內保存。雖說水果冰冰涼涼的時候很好吃，但大部分的水果在溫度較高時，才能品嚐到水果本身的鮮甜原味。在食用前的30分~1小時前把水果拿出冰箱退冰，即可增添料理的風味。要加在佐醬中的水果，也是一樣要先拿出冰箱，這應該不用我再多說了吧！

⑤ 選購沾有泥土的蔬果或用濕紙巾將蔬果包起並保存

購買食材時，建議購買沾有泥土或根部還在的蔬果。每次要吃的時候，拿取適當份量浸泡水中，能夠快速恢復蔬果的新鮮度。另外，放在超市冷藏區的蔬果，若浸泡在水中，葉子很容易枯黃，所以先將餐巾紙弄濕，然後將蔬菜包起保存。

湯匙·紙杯計量法

若不知道要怎麼量份量，那麼食譜又有什麼用呢？
利用每人家中都有的湯匙和紙杯就可以精準的計量
湯匙·紙杯計量法大公開！

湯匙計量法

粉末類食材

1大匙

一般湯匙1尖匙(或1平匙+1/2平匙)

1小匙

一般湯匙1/2匙

液體類食材

1大匙

一般湯匙2滿匙

1小匙

一般湯匙1滿匙

固體類食材

(芥末、韓式味噌、辣椒醬…等)

1大匙

一般湯匙1尖匙(或1平匙+1/2平匙)

1小匙

一般湯匙1/2匙

紙杯計量法

粉末類食材

1杯(200cc)

紙杯裝滿一杯

1/2杯

紙杯裝滿半杯

基本道具

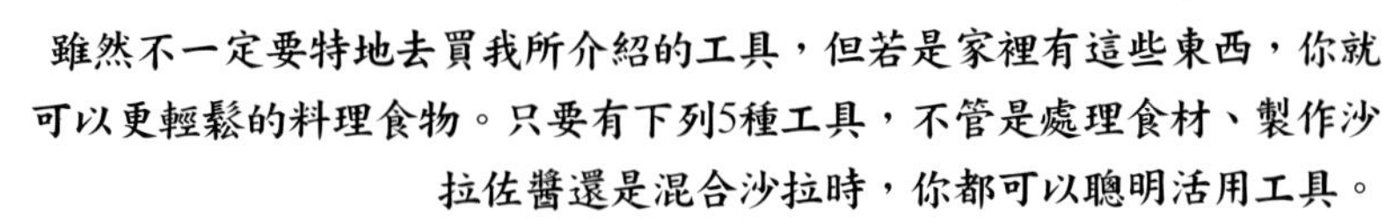

雖然不一定要特地去買我所介紹的工具，但若是家裡有這些東西，你就可以更輕鬆的料理食物。只要有下列5種工具，不管是處理食材、製作沙拉佐醬還是混合沙拉時，你都可以聰明活用工具。

蔬果脫水機

蔬菜泡過水後，若直接和其他材料混合，沙拉的味道就會變淡且難吃。利用蔬果脫水機就可以快速的把水分去除掉。若家裡沒有蔬果脫水機，你也可將蔬菜放在籃子中甩乾。

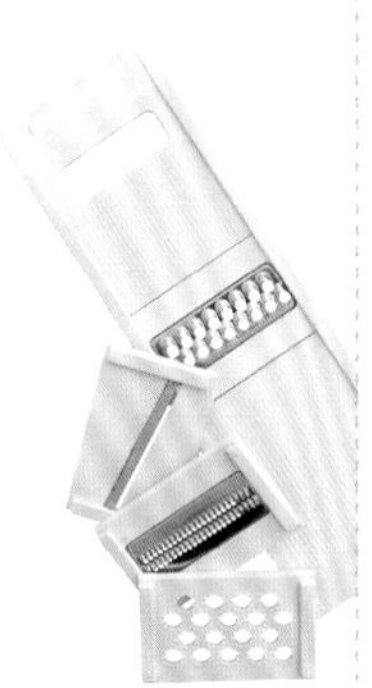

刨絲器

對於刀工不好的人，刨絲器可說是天大的救星。有了刨絲器，要將食材切成各種厚薄大小都不是難事。食材切得漂亮的話，整道菜將有更棒的視覺享受。

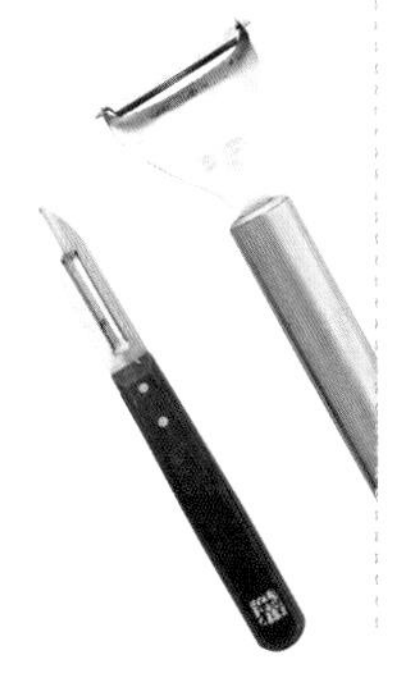

削皮器

可以利用削皮器刮掉馬鈴薯、紅蘿蔔、牛蒡…等蔬果的外皮，或是去掉較粗的纖維。小黃瓜、紅蘿蔔、牛蒡也可以利用削皮器削成薄片，品嘗到更加清脆的口感。

碗

與其把食材丟入小碗，還不如把所有的材料裝到大碗裡攪拌，這樣各種食材才不會撞傷。若有一個透明的玻璃大碗，也可直接當成餐具擺放到餐桌上。

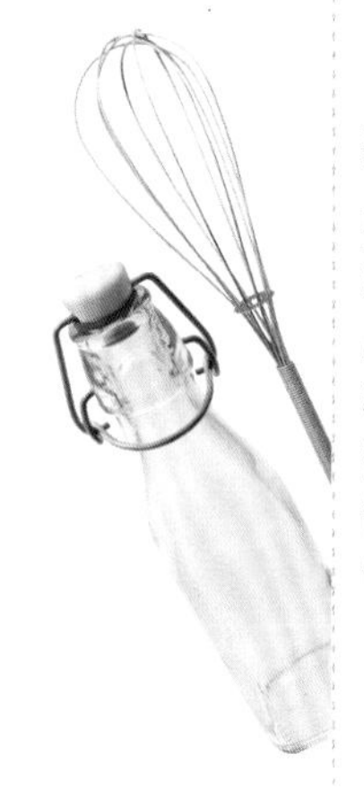

打蛋器、佐醬瓶

要做出好吃的沙拉佐醬，就要將材料混合均勻。利用打蛋器可以更輕鬆地將糖或鹽等粉狀材料融入液體。也可以把材料放入佐醬瓶混合，佐醬瓶也可以保管吃剩的佐醬。

沙拉常使用的食材種類

沙拉的食材種類是相當多樣的，除了常見的果實與根莖類蔬菜外，肉類、魚貝類等食材都是沙拉的食材。另外，一般家庭常見的涼拌豆芽菜或涼拌生菜都可以當成沙拉食材。下列介紹的食材，讓您可以馬上變出一盤好吃美味的省時料理。

蔬菜及水果類

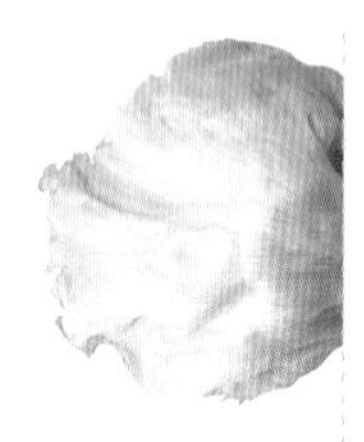

萵苣

購買 整顆紮實且外頭的葉子呈青綠色。

TIP｜根部若呈現粉紅色或咖啡色，代表裡面已開始變質。

處理 撕成一口大小，浸泡冰水後瀝乾水分。

保存 根部用濕紙巾包起，葉子部分用乾的紙巾包起裝進塑膠袋。可在冰箱中保存7～10天

半結球萵苣(蘿蔓葉)

購買 每片葉子保水度足夠，看起來具有彈性且葉片完整。

處理 撕成一口大小或整株浸泡在冰水後瀝乾水分。

保存 用紙巾將整株蔬菜包起後放入塑膠袋中，梗朝下以直立的方式放入冰箱。

芹菜

購買 長度在25cm以下，根部無枯黃狀。

處理 摘掉葉子，從莖部一根一根拔下，除去粗大的纖維後，切成長條狀或斜條狀，浸泡在水中後瀝乾水分。

保存 注意不要沾附到水分，用餐巾紙包起並用保鮮膜封住，梗朝下以直立的方式放入冰箱。

羅薩生菜．紫葉羅薩生菜

購買 重量紮實，保水度足夠。葉子部分若有枯黃或損壞的跡象，請勿購買。

處理 撕成一口大小，浸泡在冰水後瀝乾水分。

保存 注意不要沾附到水分，用餐巾紙包起放在乾淨的塑膠袋中，冰箱冷藏。

芥菜

購買 葉子具有彈性，梗部與葉子挺直，顏色和紋路鮮明者。

處理 在流動的清水下洗淨，撕成一口大小，浸泡在冰水後瀝乾水分。

保存 用餐巾紙包起放在乾淨的塑膠袋中，冰箱冷藏。

綠花椰菜・白花椰菜

購買 花蕾成小珠粒狀，尚未開花且無泛黃者。

處理 洗乾淨後，從莖部撕成一口大小，放入煮滾的鹽水中汆燙後，用冰水沖涼瀝乾。

保存 放在密封容器中保管。

TIP | 冷藏保存可放一周，冷凍保存可放一個月。

蘆筍

購買 整體顏色鮮明且具彈性，中型大小為佳。

處理 將較老的根部和外皮去除。

保存 用保鮮膜包起冷藏保存，或汆燙後冷凍保存。存放的時間一久，蘆筍就會開始產生苦味，所以要儘快食用。

TIP | 白蘆筍接觸陽光後會發紫並產生苦味，在保存時要特別注意。

維他命菜

購買 葉子肥厚但不要太大，深綠色且有光澤者。

處理 一根一根摘下，浸泡在冰水後瀝乾水分。

保存 注意不要沾附到水分，用餐巾紙包起放入塑膠袋中，梗朝下以直立的方式放入冰箱。

TIP | 葉子容易枯黃，所以請在一周內食用完畢。

芝麻菜

購買 葉子顏色鮮明，莖部具彈力。

處理 莖部容易折到，所以將它泡在水中輕輕洗淨後食用。

保存 濕紙巾包起保存。

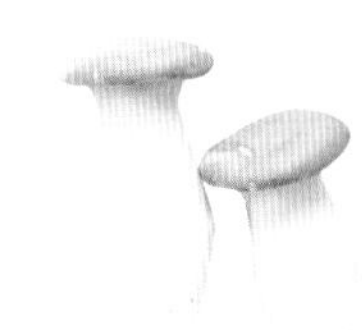

菇類

購買 挑選形狀漂亮且有彈性，表面沒有被白色或黃色黴菌感染者。乾香菇則挑選顏色明亮且模樣完整者。

處理 菇類是屬於海綿組織的食材，因此不用清水直接清洗。建議利用濕的紙巾或棉布輕輕擦乾淨，然後切成一口大小食用。

保存 依照生長方向，根部朝下直立冷藏保存。

馬鈴薯・地瓜

購買 洗過的馬鈴薯或地瓜容易發芽並壞掉，所以建議選擇沾有泥土者。

處理 去除外皮後，根據用途切成不同大小，浸泡在冰水中去除澱粉成分後料理。

保存 放入冰箱保存的話，馬鈴薯和地瓜會因為冰箱的冷氣而不容易煮熟，所以建議放在室溫中保存。

蘋果

購買 勿挑選過度有光澤的蘋果，挑選顏色深紅漂亮且稍微有點粗糙感的蘋果。

處理 表面清洗乾淨，把籽除掉並切成適當大小食用。

保存 蘋果成熟後會開始釋放讓蔬果快速熟成的乙烯氣體，所以蘋果要盡量避免和容易枯萎或熟成的蔬菜水果放在一起。

洋蔥

購買 挑選圓圓滾滾且表面具光澤乾燥者。

處理 將外皮剝掉後，切成長條狀、半月形或圓圈狀，浸泡在冰水後使用。

保存 放在換氣良好乾燥的常溫中保存。

黃瓜・紅蘿蔔・白蘿蔔

購買 表面有光澤，黃瓜看表面凸起部是否新鮮。紅蘿蔔和白蘿蔔挑尚未被清洗過，表面沾有泥土者。

處理 黃瓜、紅蘿蔔和白蘿蔔…等食材的表皮較厚，所以用鹽水搓揉後先放一下，再把鹽巴洗掉使用。

保存 黃瓜、洗過的紅蘿蔔和白蘿蔔放在冰箱冷藏保存；沾有泥土的紅蘿蔔和白蘿蔔放在陰涼處常溫保存。

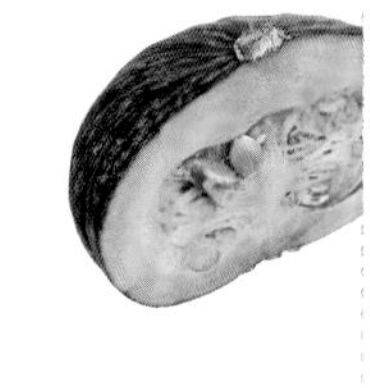

南瓜

購買 溝痕鮮明，呈現深綠色且紮實者。

TIP | 如果是馬上就要吃，選顏色有點泛咖啡色的南瓜，其所含的糖分會較高。

處理 除去外皮挖掉籽後，切成一口大小放入蒸鍋蒸煮，或整粒蒸好後再切成適當的大小。

保存 還沒切開的南瓜注意不要沾到水分，放在室溫中保存。若是已經切開的話，將籽挖出後冷藏保存。若是要長時間保存的話，連皮一起切開放入冷凍保存。

幫助蔬菜提味的副食材

鳳梨

購買 用手指按壓時，有稍微下凹的感覺。底部稍微泛黃，冠狀部分呈現新鮮樣。

TIP | 不要購買被撞傷或開始有發黏物質的鳳梨

處理 切除冠狀部分並去除外皮和鳳梨芯後，切成適當的大小 。

保存 裝在密封容器中保存。

草莓

購買 容易壞掉所以一次不要買太多。

處理 在水裡加入泡打粉或醋，將草莓放到裡面浸泡，再用清水洗乾淨使用。

保存 已經清洗過的草莓當天馬上吃掉，還未清洗的草莓可以冷藏保存1~2天左右。需要長時間保存的話，洗淨後急速冷凍。

香蕉

購買 若馬上要吃，挑選表面有黑點的香蕉。要放一陣子再食用的話，挑選表皮和蒂頭堅硬，顏色接近綠色且份量紮實者。

處理 把皮剝掉，頭尾切除1cm長度，直接食用或煮熟再吃。

保存 避免壓傷，從蒂頭部分吊起於室溫保存。

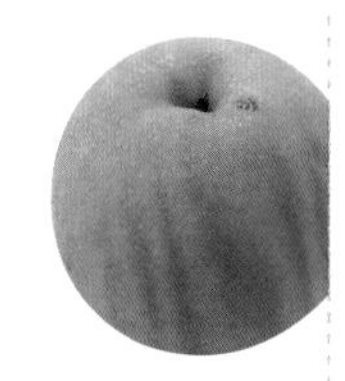

梨子

購買 表面沒有缺陷，蒂頭呈新鮮狀，摸起來無發軟或凹陷。表皮顏色深且有小顆粒者。

處理 把表皮和籽除去後，用刨絲器切絲。或是將梨子切成適合食用的大小。

保存 連表皮一起冷藏保存。

雞肉

購買 表皮與肉質具彈性且有光澤者。

TIP | 不要買有淤血或泛灰色光澤的雞肉。

處理 根據用途切成適當的大小，稍微醃過後，烤一烤、蒸熟或煮熟使用。

保存 剩下的雞肉分裝成單次使用份量冷凍保管。

牛肉

購買 脂肪均勻地散佈在肉片上(即油花漂亮)，散發鮮紅色光澤具彈性者。由於難以將瘦肉與脂肪分離，故容易酸壞腐敗，一次不要購買太多。

處理 根據用途切成適當的大小，稍微醃過後，烤一烤、蒸熟或煮熟使用。

保存 冷凍保存時，放入塑膠袋後，記得標明部位與用途。

豬肉

購買 肉的整體色澤接近粉紅色，脂肪部分純白且結實。比起牛肉，豬肉較容易受到細菌感染且腐壞，所以一次不要購買太多。

TIP | 沾到血液或異物質的豬肉會呈現咖啡色或綠色，代表豬肉可能已腐壞或開始變質，此時請不要購買。

處理 根據用途切成適當的大小，稍微醃過後，烤一烤、蒸熟或煮熟使用。

保存 分裝成單次使用的份量置入冰箱冷藏或冷凍保存。

鮪魚

購買 選購冷凍鮪魚時，挑選顏色鮮明且肉質層層分明者。購買鮪魚罐頭時，注意製造日期和添加物成分。

處理 將冷凍鮪魚浸泡在略鹹的鹽水中10~15分鐘，用棉布或廚房紙巾包起後放入冰箱熟成。若為鮪魚罐頭，將鮪魚放在濾網上，淋上熱水後使用。

保存 尚未解凍的冷凍鮪魚冷凍保存。鮪魚罐頭則用密封容器裝好，約可保存一周的時間

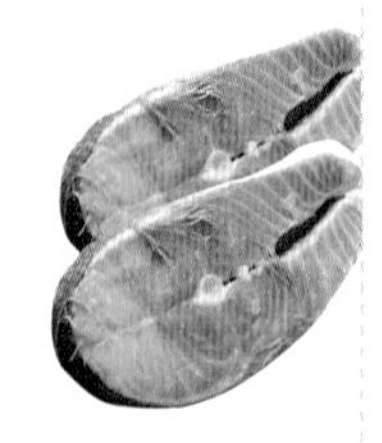

鮭魚

購買 顏色鮮明散發着淡淡的橘色，魚皮部分富含光澤者，注意是否為急速冷凍的鮭魚。煙燻鮭魚是利用中間身體的部分製作而成的。

處理 鮭魚富含油脂所以會比較油膩一點，利用檸檬汁調味後，烤熟或蒸熟或直接吃煙燻鮭魚。

保存 冷凍保存。

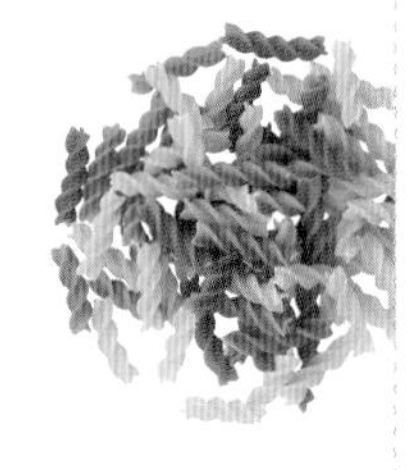

義大利麵

購買 購買離保存到期日期限最遠者。

處理 經常是在放涼的情況下食用，所以煮麵時多煮2~3分鐘後使用。

保存 密封後放在陰涼乾燥處保存。

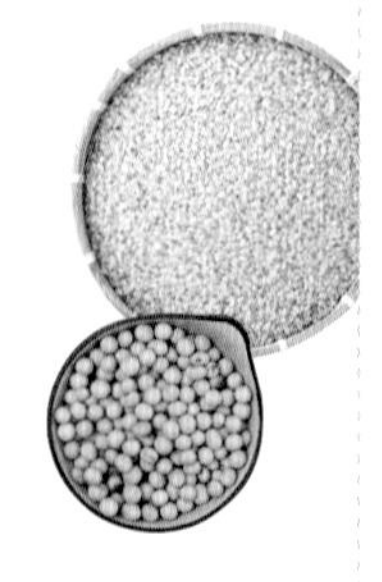

穀類・豆類

購買 雜穀類的加工過程較少，所以建議選購無農藥或有機耕作的穀類。

處理 洗乾淨後煮熟。

保存 放在冰箱等溼度適當的地方保存，或保存在陰涼處。

堅果類

購買 不要購買加工過或已剝殼的堅果，選購還未剝殼的堅果類並少量購買。

處理 核桃和栗子將殼洗乾淨後剝除，建議連同內部的薄膜一起食用。

TIP | 放入滾水中汆燙後，內膜的苦味就會消失。

保存 堅果類可能會因其所含的脂肪酸敗腐壞，一定要放在密封容器中保管。

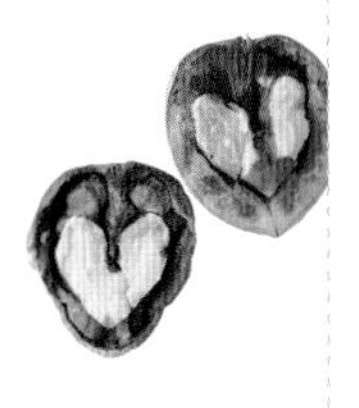

推薦 加州核桃

核桃長得像心臟的模樣，所謂吃型補型，比起其他堅果類，核桃富含了對心臟有益的不飽和脂肪酸Omega3。另外，核桃也含有人體無法製造必須透過飲食攝取的重要脂肪酸ALA(alpha linolenic acid)與DHA，是對健康有益的食物。

參考「推薦沙拉佐醬」的內容做看看吧～

使用家中的一般調味料，作出 101 種特製佐醬！

Part 2 沙拉佐醬準備

沙拉佐醬的基本公式

「糖：醋：鹽」用「1：2：1/2」的比例調製的話？
符合國人口味的沙拉佐醬馬上就能完成。

沙拉佐醬中的酸味建議使用米醋或釀造醋

比起香味及口味強烈的濃縮醋或水果醋，使用米醋或釀造醋的話，比較容易調整酸度且可以提升主食材的風味。

如果想讓沙拉佐醬中有水果香味

多數市售的水果醋皆僅加入香味添加物，所以不建議使用。如果想品嚐水果風味的佐醬，建議直接將水果壓碎或切碎加入沙拉佐醬中。

酸味跟甜味的比例建議為2：1

製作沙拉佐醬時，若食用醋為1，砂糖請放1/2。而蜂蜜比普通的砂糖甜，所以份量就要稍少一些。楓糖漿、龍舌蘭糖漿、寡糖的甜度都不同，所以調味時，記得要邊試味道邊加入糖漿。

How to 03

鹹味與甜味的比例大約為1/2~1/3

就算甜味和酸味的比例完美，若鹹味不對，我們也不會覺得沙拉好吃。使用醬油調味時，醬油的份量可以與糖的份量相同或是一半；使用鹽巴或大醬調味的話，使用的份量僅需為糖的1/2~1/3；使用魚露調味的話，記得先用水稀釋再使用。

沙拉佐醬的基本公式
糖：食用醋：鹽＝1：2：1/2

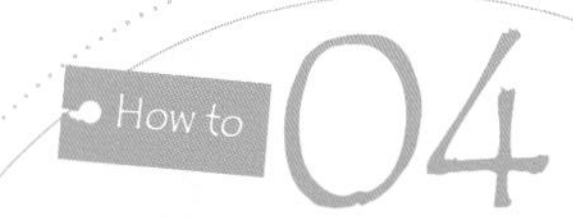

需要將蔬果攪碎時，固體食材的份量需為液體食材的兩倍。

將水果和蔬菜切塊放入攪拌機時，請加入一半以上的液體食材，如此一來食材才能均勻攪拌，凸顯出蔬果的風味。水量過多的話，佐醬會過稀；水量過少的話，則難以表現蔬果風味。

製作水果沙拉佐醬時，加入水果份量1/4~1/6的洋蔥

將水果攪碎製成佐醬時，水果的甜味和強烈的香氣有時會影響佐醬的風味。為了減少過強烈的水果甜味和香氣，可以加入促進食慾的洋蔥。份量大約為水果1/4~1/6的量，便可中和水果味道，調配出完美的沙拉佐醬。

使用檸檬汁時，加入相同份量或1/2份量的醋

檸檬汁的香氣和酸甜的味道可以讓沙拉佐醬更美味，但由於檸檬的酸味和香味容易揮發消失，所以在使用檸檬汁的同時，建議混合加入一半或相同份量的食用醋。如此一來，檸檬汁的風味可維持得更久。

使用麻油或胡麻油時，加入相同份量的食用油

麻油及胡麻油的香味獨特，所以若直接加入所需份量會影響沙拉風味。建議與香氣較不濃厚的食用油一起混合使用，即可製作出口感較清爽的沙拉佐醬。

製作沙拉佐醬的小撇步

將材料全部混合在一起就是沙拉佐醬了嗎？但我們卻常常遇到味道奇怪、濃度不對或是份量錯誤的狀況。為了避免這些問題產生，我將在此介紹絕對不會失敗的調配法！請牢記這些小撇步，調製出好吃的沙拉佐醬吧！

1 油類製品請待鹽和糖都融化後再加入

油類製品的特性是會浮在水上，而且它也會害其他材料變得不易混合。若鹽和糖還沒有完全溶化就加入油，沙拉佐醬的味道就會變淡，所以請先將所有材料都均勻混合，最後再加入油類製品，這樣才能品嚐到所有材料完美調和的沙拉佐醬。

2 沙拉佐醬材料中若有特殊香味的蔬果，請記得多加一點醬油或鹽巴

隨著時間的流逝，加入蔬果的沙拉佐醬常因蔬果出水而導致味道變淡。為了避免味道改變，將蔬果攪碎使用時，記得多加一點醬油或鹽巴。

3 水果沙拉佐醬在用攪拌機混合後，重新試味道並調味

即便是同品種的水果，每一顆的甜度和酸度都不同。有的很甜、有的很酸、有的則是酸甜適中。因此所有的材料用攪拌機混合均勻後，記得再用一些醋或糖來調整整體的酸甜度。

④ 蔬菜為主的沙拉和韓式沙拉，記得多準備一些沙拉佐醬

沙拉和飯類或其他料理一起混著吃時，有時候會覺得味道太淡或發生沙拉佐醬不夠沾的狀況，所以沙拉佐醬的份量要比平常多準備一些，如此一來沙拉也可以當成桌上的一盤配菜。另外，用蔬菜當主食材的沙拉，有時蔬菜會因泡過水而體積變大，所以沙拉佐醬建議準備比平常多1.2~1.3倍的份量。

⑤ 試著用辣椒醬、韓式大醬、醬油、辣椒粉…等調味料來製作沙拉佐醬

蔬菜雖然對健康有益，但若每天都吃相同口味的沙拉佐醬，時間一久人自然會想吃刺激性的食物。使用東方特有的調味料來調製像是泡菜的酸甜口味或鹹醬菜口味的沙拉佐醬吧！

⑥ 活用檸檬皮和柳橙皮

檸檬皮或柳橙皮可以製作出果香味十足的沙拉佐醬，且也不會浪費食材。將檸檬或柳橙切碎或磨細加入沙拉佐醬中，沙拉佐醬的風味將更上一層樓。記得將農藥和蠟等化學成分洗淨，並把白白的部分去除，才不會有苦味跑出來。

⑦ 堅果類的食材先炒過再將之壓碎或攪碎

碎堅果可以提升沙拉佐醬的香氣。使用前，放入平底鍋翻炒去除多餘的水分和雜質，如此一來堅果的香氣將會加倍。

廚房內一定要有的基本調味料！

市面上販賣的沙拉佐醬總讓人搞不清楚到底放了哪些材料，但江湖一點訣，說破不值錢，其實它也只使用了每個廚房中都有的調味料，卻讓你以為是用了什麼高級的材料。只要活用下面的基本調味料，就可以簡單的做出各式各樣的沙拉佐醬。

溫和口感的調味料

油

請挑選無基因改造且無化學添加物的油品，這樣使用起來才安心。一般西式沙拉會使用香氣強烈的特級初榨橄欖油，但在製作東洋沙拉時，建議使用帶有淡雅香氣的小麥胚芽油。

玄米油（亦稱米糠油）

是一種高級的植物油，含大量不飽和脂肪酸，可降低壞膽固醇。替健康帶來很多好處，在美國與日本有「心臟之油」的美名。品質穩定耐高溫（220度以上）、低油煙的特點，可用於涼拌或煎炒炸之用。約60公斤的糙米僅能萃取出1公斤的玄米油。

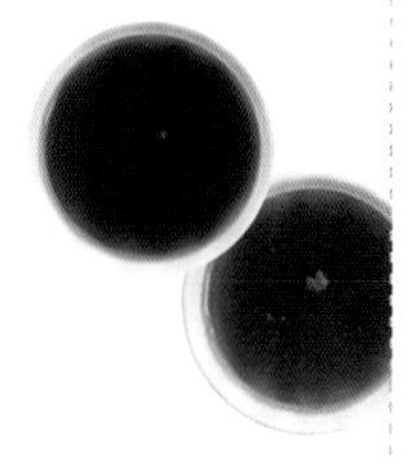

芝麻油・胡麻油

帶有獨特芝麻味的麻油非常適合做成東洋沙拉佐醬的油類基底。若您覺得味道過於濃厚，可以和胚芽油或葡萄籽油混合使用，如此一來，您既可享受麻油的香氣，也不會覺得味道過濃。

美乃滋

除了可使用市售現成的美乃滋外，您也可以自製美乃滋。只要利用攪拌器將蛋黃和油攪拌均勻，自製美乃滋便完成。美乃滋雖味道溫潤可搭配所有食材，但卡路里非常高，若您正在減肥的話，要特別注意使用量。

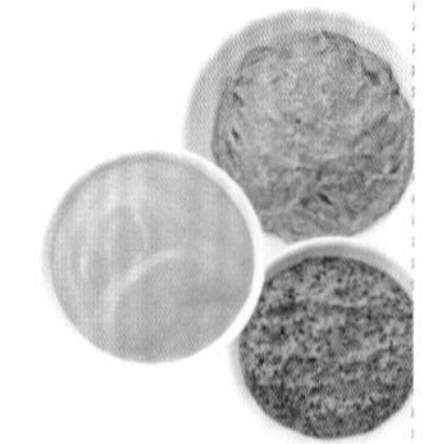

芥末・黃芥末・芥末籽醬

東方料理經常使用味道嗆辣的芥末，西方料理則使用較不嗆辣的黃芥末。芥末籽醬(顆粒芥末醬)因加入芥末子更加嗆辣，它適合與肉類或海鮮類料理一起使用。

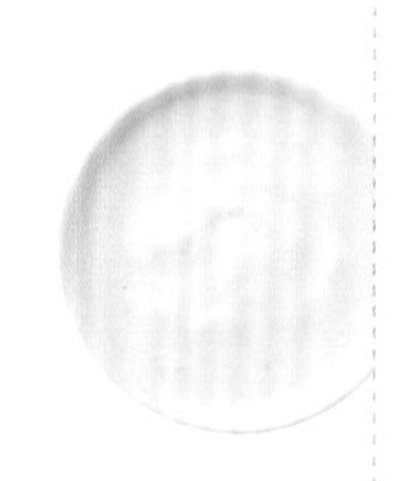

原味優格

優格有著特有酸味也經常用來做成沙拉佐醬，但優格的保存期限短且易變質，所以在保存及使用時要多加注意。

酸酸的調味料

釀造醋・玄米醋

顏色透明、口感乾淨清爽，醋主要扮演沙拉佐醬中酸味的角色，醋也可以用新鮮檸檬汁取代，一樣可以達到乾淨清爽的酸味口感。

水果醋

水果醋的種類很多，有水果發酵而成的普通水果醋、也有用有機水果發酵而成的天然水果醋、還有稀釋冰醋酸或乙酸等化學成份製成的水果醋。購買前，請仔細閱讀標籤上的食品成分，建議您購買天然水果發酵製成的水果醋。

紅酒醋・香醋

紅酒醋顧名思義就是用紅酒發酵而成的醋，紅酒促適合搭配有強烈味道的沙拉。香醋則是發酵時間越長價格越高，而其香味及口感也會越濃郁。

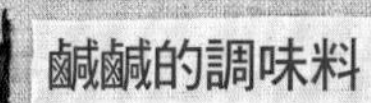

鹹鹹的調味料

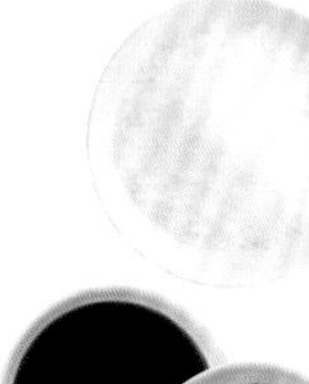

鹽

最常被用來調整鹹度的調味料，本書主要使用海鹽。

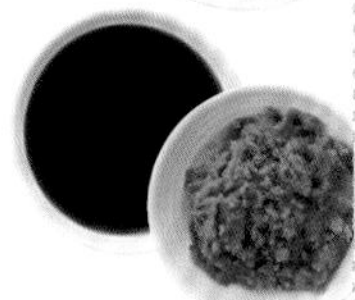

醬油・韓式味噌

使用豆類發酵的醬油和韓式味噌可以讓沙拉佐醬的鹹味有層次。蔬菜、水果及肉類建議搭配醬油，海鮮則建議搭配韓式味噌。

魚露・蝦醬・義式鯷魚露

魚露和蝦醬的味道強烈，使用前需加水稀釋；西方則經常使用義式鯷魚露，將鯷魚切碎後加入沙拉佐醬，或直接灑在沙拉上食用。

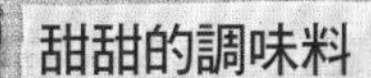

甜甜的調味料

砂糖

使用含有有機成分和無機質的有機砂糖，或可使用其他具甜味的調味料取代砂糖。不過，砂糖可和各種水果或蔬菜搭配，沙拉佐醬不會有非甜味的香味出現，吃起來的口感較純正。

寡糖

寡糖的甜度和砂糖一樣，但卡路里只有砂糖的1/4，能有效預防肥胖。不過寡糖的原料是玉米或豆類，而現今玉米和豆類大部份都有經過基因改造，所以購買時一定要多加注意。

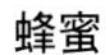

蜂蜜

養殖蜂蜜和天然蜜的味道具花香且價格昂貴，並不適合加在沙拉佐醬中。相較之下，香氣較不濃郁的百花蜜反而適合加在沙拉佐醬中。蜂蜜含有的各種無機質和營養成分，會因加熱而被破壞，所以建議將蜂蜜直接加在生食的沙拉上。若需加熱，蜂蜜請在最後一個步驟再加入以縮短調理的時間。

楓糖

楓糖是採集楓樹流出的汁液提煉而成的製品，所以它擁有獨特的香味。楓糖是不含砂糖成分的天然糖漿，注重養生的人建議可以使用楓糖。

柚子清醬・梅子清醬

將同等份量的水果與砂糖或蜂蜜一起醃漬，最後的成品我們稱為「清醬」。最常見的清醬製品是梅子清醬和柚子清醬。所有的水果皆可做成清醬，它吃起來同時有水果的香氣及甜味，可增添沙拉的風味。

推薦沙拉佐醬！根據食材選擇

沙拉因為不同食材的使用，其所適合的沙拉佐醬可說是天差地遠。蔬菜沙拉使用清爽口感的沙拉佐醬來掩蓋蔬菜的野味；水果沙拉使用甜而溫潤的沙拉佐醬來降低水果的酸味；海鮮沙拉使用辣味口感的沙拉佐醬來消除腥味；肉類沙拉則使用可讓肉質變柔嫩的沙拉佐醬。

適合蔬菜沙拉的佐醬

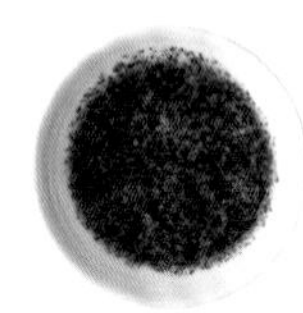

胡麻沙拉佐醬

胡麻粉2大匙、胡麻油1大匙、醋2大匙、檸檬汁1大匙、砂糖2小匙、鹽1/2小匙

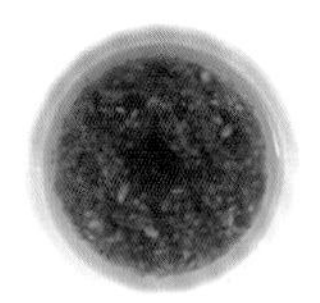

蒜味油醋醬

蒜末2大匙、橄欖油3大匙、檸檬汁2大匙、香醋1小匙、砂糖1小匙、鹽1小匙、香芹末1小匙

TIP | 用平底鍋小火煮過

山藥梨子佐醬

山藥50g、梨1/6個、醋2大匙、檸檬汁1大匙、胚芽油1大匙、砂糖1小匙、鹽1小匙

TIP | 利用攪拌機均勻混合

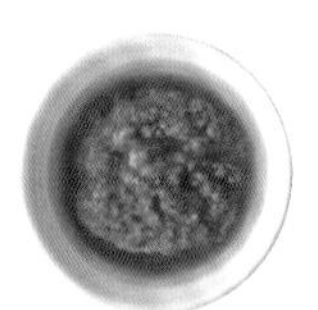

羅勒香蒜佐醬

羅勒1株、橄欖油3大匙、帕馬森起司2大匙、香醋1大匙、松子2小匙、蒜頭一瓣、鹽胡椒少許

TIP | 利用攪拌機均勻混合

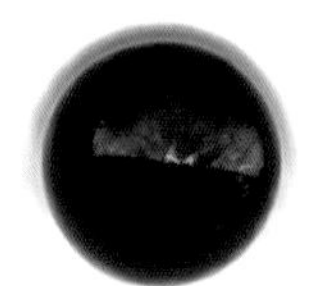

柚子鰹魚佐醬

柚子醬1大匙、海帶鰹魚高湯2大匙、醬油1又1/2大匙、醋1大匙、檸檬汁1大匙、砂糖1小匙

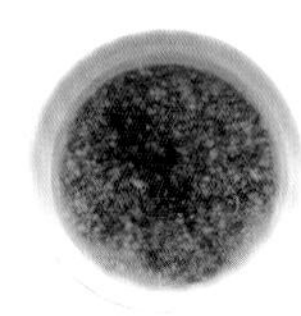

松子紅酒油醋醬

烤過的松子壓碎1大匙、紅酒醋2大匙、橄欖油2大匙、香醋1小匙、鹽1小匙、胡椒少許

番茄紫蘇油醋醬

番茄切丁3大匙、紫蘇末2大匙、橄欖油3大匙、醋2大匙、香醋1大匙、醬油1大匙、砂糖1大匙、鹽胡椒少許

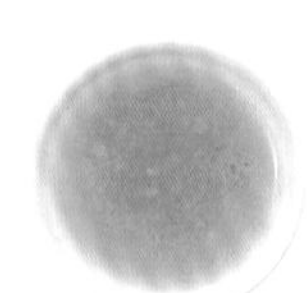

香草奶油佐醬

羅勒末2小匙、香芹末1小匙、洋蔥末2大匙、蒜頭末1小匙、奶油3大匙、檸檬汁1大匙、香醋1小匙、鹽1小匙

TIP | 放入平底鍋煮至奶油溶化為止

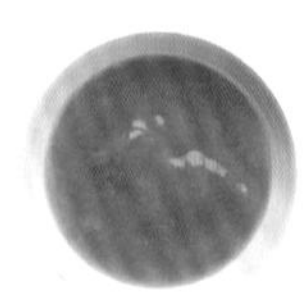

紅柿沙拉佐醬

紅柿4大匙(用篩子過濾)、檸檬汁2大匙、鹽1小匙、砂糖1/2小匙

適合水果沙拉的佐醬

醬油香醋佐醬

醬油2大匙、香醋2大匙、橄欖油3大匙、檸檬汁1大匙、蒜末1小匙、胡椒少許

茶香油醋醬

泡過水的綠茶葉1大匙、橄欖油3大匙、醬油2大匙、醋2大匙、糖1大匙

TIP | 將綠茶葉切成粗條後，和其他材料混合。

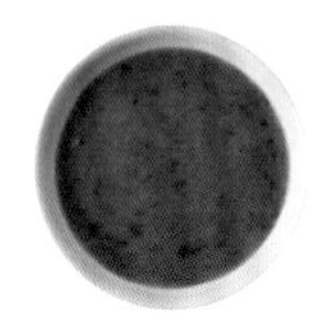

紅豆牛奶佐醬

甜紅豆3大匙、牛奶2大匙、胚芽油1大匙、鹽1/2小匙

TIP | 利用攪拌機均勻混合

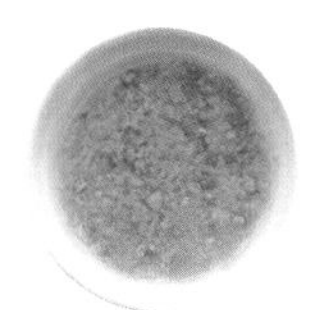

檸檬花生佐醬

檸檬汁3大匙、檸檬皮碎末些許、花生粉2大匙、橄欖油1大匙、砂糖1大匙、鹽1小匙

優格沙拉佐醬

原味優格1/2杯、美乃滋1大匙、砂糖1小匙、鹽巴1小匙、檸檬汁1小匙

蘋果油醋醬

蘋果1/2個、洋蔥1/4個、橄欖油3大匙、醋2大匙、檸檬汁1大匙、糖1大匙

TIP | 利用攪拌機均勻混合

鳳梨咖哩佐醬

咖哩粉1小匙、鳳梨1小片(30g)、原味優格1/2杯、檸檬汁2大匙、糖1小匙、鹽些許

TIP | 利用攪拌機均勻混合

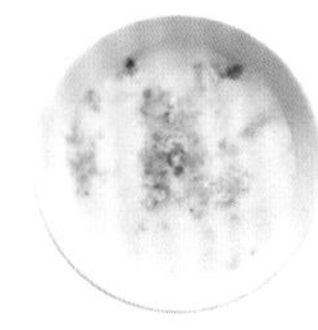

核桃優格佐醬

核桃4粒、原味優格1/2杯、醋1大匙、砂糖1小匙、鹽1小匙

TIP | 核桃壓碎後和其他材料一起混合

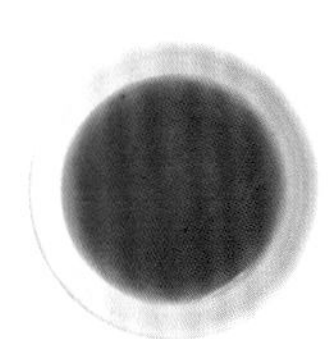

黑糖沙拉佐醬

黑糖2大匙、水2大匙、檸檬汁2大匙、胚芽油1大匙、奶油1大匙、鹽些許

TIP | 放到平底鍋煮至黑糖融化為止

適合海鮮沙拉的佐醬

剝皮辣椒佐醬

剝皮辣椒末(或青陽辣椒)1大匙、剝皮辣椒醬油3大匙(或醬油2大匙、醋1大匙、糖1小匙)、麻油1大匙、芝麻鹽2小匙、蒜末1小匙

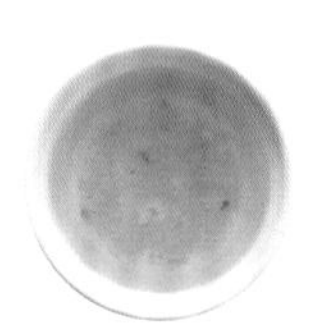

檸檬醋佐醬

檸檬醋3大匙、橄欖油2大匙、砂糖1大匙、蒜末1小匙、鹽1小匙

檸檬皮佐醬

檸檬皮碎末1大匙、檸檬汁3大匙、橄欖油1大匙、糖1大匙、鹽1/2小匙

蒜頭檸檬佐醬

蒜末(顆粒稍粗)1又1/2大匙、檸檬皮碎末1大匙、檸檬汁3大匙、麻油1大匙、砂糖1大匙、鹽1小匙、鯷魚露1/2小匙

蒜頭羅勒佐醬

蒜頭2瓣、羅勒末2小匙、橄欖油3大匙、醋2大匙、香醋1大匙、鹽1小匙

TIP | 將橄欖油倒入平底鍋，蒜頭拌炒後，加入其他材料

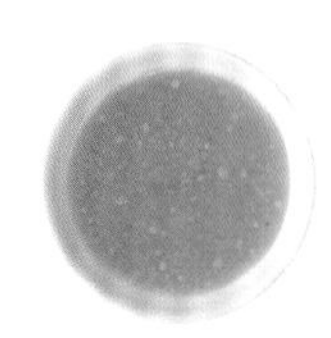

芥末松子佐醬

較不辣的芥末醬1大匙、松子粉1大匙、水2大匙、醋2大匙、麻油1大匙、砂糖1大匙、鹽1小匙

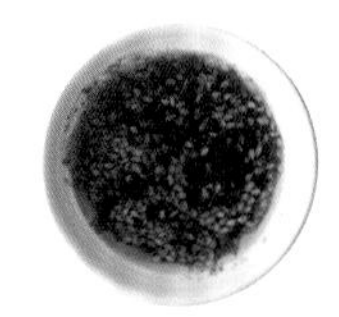

芥末芝麻佐醬

較不辣的芥末醬2小匙、芝麻2大匙、海帶高湯2大匙、麻油1大匙、韓式湯醬油2小匙

黑芝麻醋辣佐醬

黑芝麻1大匙、辣椒醬2大匙、辣椒粉1大匙、醋2大匙、檸檬汁1大匙、麻油1大匙、糖1大匙

適合肉類沙拉的佐醬

蠔油沙拉佐醬

蠔油1大匙、水2大匙、醋2大匙、麻油1大匙、砂糖1大匙

蜂蜜蒜頭佐醬

蜂蜜1大匙、蒜末2大匙、醋2大匙、醬油2大匙、檸檬汁1大匙

炒洋蔥油醋醬

洋蔥末4大匙、紅酒醋2大匙、橄欖油1大匙、水1大匙、香醋1小匙、鹽1/2小匙

TIP | 橄欖油和水倒入平底鍋與洋蔥拌炒，最後和其他材料混合均勻

韭菜油醋醬

細韭菜(矮韭)末5大匙、醋3大匙、醬油2大匙、砂糖1大匙、辣椒粉2小匙、芝麻鹽2小匙、蒜末1小匙

生薑醬油佐醬

生薑末1小匙、醬油3大匙、醋4大匙、砂糖2大匙、麻油1大匙、清酒1大匙、芝麻鹽1小匙、胡椒些許

TIP | 將生薑在平底鍋內拌炒降低辣味。

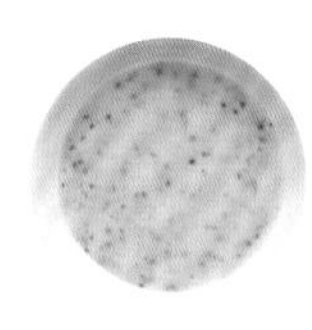

芥末籽優格佐醬

芥末籽醬1大匙、原味優格1/2杯、檸檬汁1大匙、蜂蜜1小匙、鹽1/2小匙

洋蔥鳳梨佐醬

洋蔥1/4個、鳳梨1片(30g)、醋2大匙、橄欖油1大匙、檸檬汁1大匙、砂糖1小匙、鹽1小匙

TIP | 利用攪拌機均勻混合

燉煮油醋醬

香醋4大匙、橄欖油2大匙、洋蔥末2大匙、檸檬汁1大匙、蒜末1小匙、鹽巴少許

TIP | 將香醋倒入平底鍋燉煮至剩下一半，最後再將所有材料加入混合

奇異果佐醬

奇異果1個、洋蔥1/4個、葡萄籽油3大匙、醋2大匙、砂糖1大匙、鹽1小匙

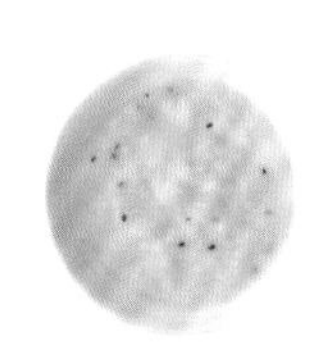

奇異果鳳梨佐醬

奇異果1/2個、鳳梨1/2片(15g)、洋蔥1/4個、橄欖油3大匙、醋2大匙、砂糖1小匙、鹽1小匙

TIP | 利用攪拌機均勻混合

推薦沙拉佐醬！根據口味選擇

「這吃起來是什麼味道啊？」光看照片的話，的確難以想像沙拉佐醬的味道，且要在眾多的選擇中，找到符合自己口味的沙拉佐醬也是門學問。因此，我將沙拉佐醬根據口味分門別類，來找找符合你口味的沙拉佐醬吧！

酸酸甜甜的滋味

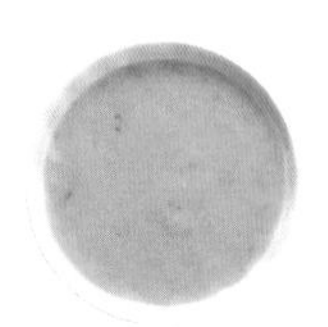

草莓沙拉佐醬

草莓1杯(150g)、洋蔥1/4個、葡萄籽油3大匙、醋2大匙、檸檬汁1大匙、砂糖2小匙、鹽1小匙

TIP | 利用攪拌機均勻混合

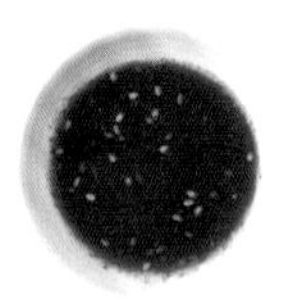

梅子清佐醬

梅子清醬2大匙、醋3大匙、辣椒粉1大匙、芝麻鹽1大匙、砂糖1小匙、蒜末1小匙，鹽1小匙、麻油2小匙

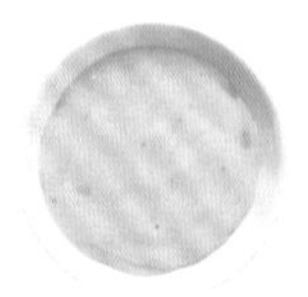

蜂蜜芥末美乃滋佐醬

黃芥末1大匙、蜂蜜1大匙、美乃滋4大匙、醋2大匙、鹽巴1小匙、粗胡椒少許

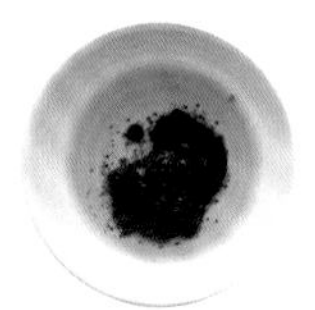

香醋沙拉佐醬

香醋2大匙、橄欖油1大匙、蒜末1小匙、鹽1/2小匙、胡椒少許

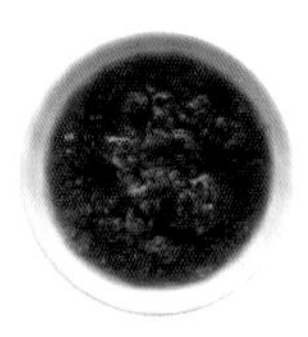

黑醋沙拉佐醬

黑醋2大匙、蘿蔔泥3大匙、醬油2大匙、麻油1大匙、砂糖1小匙

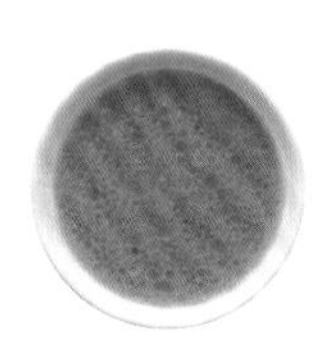

芥末沙拉佐醬

較不辣的芥末1大匙、水2大匙、醋2大匙、糖1小匙、鹽1小匙、麻油1小匙、醬油些許

TIP | 將芥末對水再和剩餘材料混合均勻。

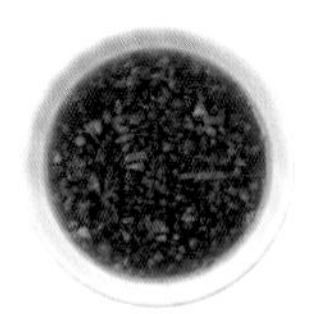

橙香蒜味油醋醬

柳橙皮碎末1大匙、蒜末1大匙、醬油2大匙、海帶高湯2大匙、檸檬汁2大匙、砂糖1大匙

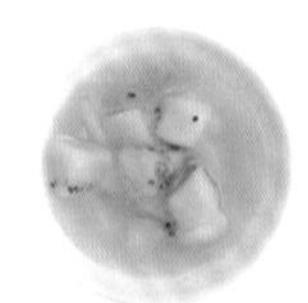

燉煮奇異果佐醬

黃金奇異果1/2個、綠奇異果1/2個、水1/2杯、醋2大匙、糖1大匙、檸檬汁1大匙、鹽1小匙

TIP | 將綠奇異果與黃金奇異果切成丁狀，將所有的材料加入平底鍋燉煮。

鹹鹹的滋味

鯷魚露佐醬

鯷魚露3大匙、水4大匙、辣椒粉2大匙、芝麻鹽2大匙、砂糖1大匙、蒜末1大匙、麻油1大匙

槍魚露佐醬

槍魚露2大匙、水2大匙、辣椒1大匙、芝麻鹽1大匙、麻油1大匙、砂糖1大匙、蒜末2小匙

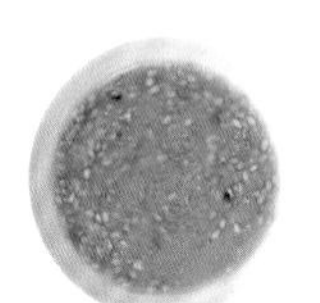

日式味噌佐醬

日式味噌2大匙、海帶高湯3大匙、醋2大匙、麻油2大匙、芝麻鹽1大匙、砂糖1大匙

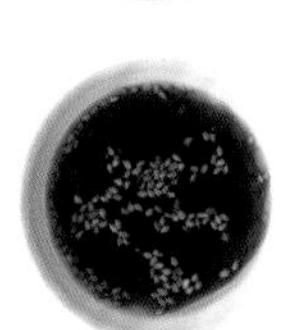

生薑油醋醬

生薑液2小匙、醬油2大匙、海帶鰹魚高湯兩大匙、醋2大匙、糖1大匙、麻油2小匙、芝麻粒1小匙

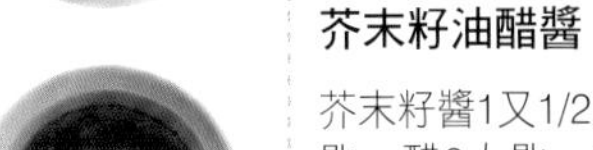

芥末籽油醋醬

芥末籽醬1又1/2大匙、橄欖油3大匙、醋3大匙、蜂蜜1大匙、鹽1小匙、胡椒少許

洋蔥油醋醬

洋蔥末3大匙、醬油2大匙、胚芽油2大匙、醋1大匙、檸檬汁1大匙、糖1小匙

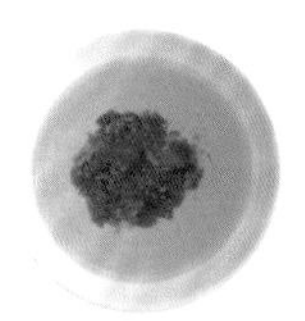

義式魚露佐醬

義式魚露1大匙(或鯷魚露)、橄欖油3大匙、鹽胡椒少許

TIP | 將義式鯷魚切細後，與其他材料混合在一起

超簡單油醋醬

醬油2大匙、醋2大匙、胚芽油1大匙、砂糖1大匙、麻油2小匙

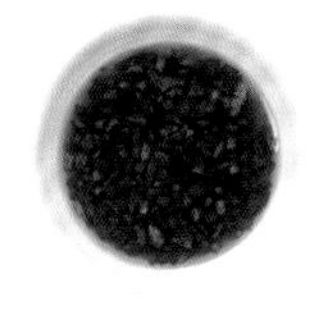

魚露沙拉佐醬

魚露3大匙、水2大匙、青陽辣椒末1大匙、紅辣椒末1大匙、砂糖2大匙、醋2大匙、檸檬汁1大匙

清香溫潤的滋味

肉桂鮮奶油佐醬

肉桂粉1小匙、鮮奶油4大匙、蜂蜜1大匙、鹽1小匙

胡麻油佐醬

胡麻油2大匙、胡麻粉2小匙、蒜末1小匙、鹽1/2小匙、韓式湯醬油1/3小匙

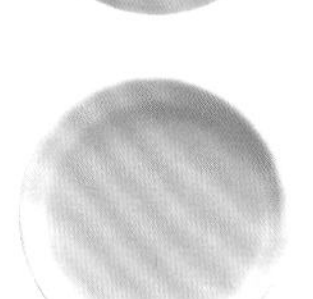

楓糖美乃滋佐醬

楓糖漿1又1/2大匙、美乃滋3大匙、檸檬汁1大匙、醋2小匙、白胡椒少許

酪梨沙拉佐醬

酪梨1/2個、洋蔥1/4個、醋3大匙、檸檬汁2大匙、砂糖2大匙、鹽1小匙、胡椒少許

TIP | 利用攪拌機均勻混合

日式芝麻味噌佐醬

芝麻2大匙、日式味噌1大匙、海帶高湯2大匙、醋2大匙、麻油1大匙、砂糖1小匙

TIP | 利用攪拌機均勻混合

奶油乳酪佐醬

奶油乳酪3大匙、原味優格2大匙、檸檬汁1大匙、酸豆末2小匙、鹽1小匙、白胡椒少許

TIP | 放在冰箱冷藏室保存

核桃豆腐佐醬

核桃3粒、豆腐1/4塊、豆漿1/2杯、檸檬汁3大匙、砂糖2大匙、橄欖油1大匙、鹽1小匙

TIP | 利用攪拌機均勻混合

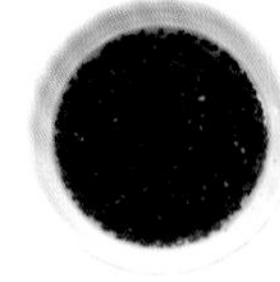

黑芝麻佐醬

黑芝麻粉2大匙、海帶高湯2大匙、胚芽油1大匙、麻油1大匙、醬油1大匙、蒜末1大匙、鹽少許

嗆辣的滋味

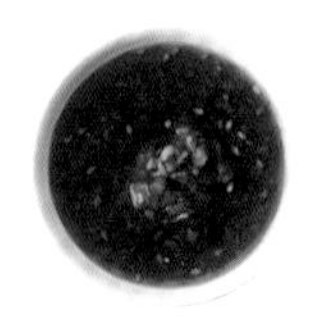

辣油沙拉佐醬

辣油2大匙、檸檬汁2大匙、醬油1大匙、蒜末2小匙、生薑末1/2小匙、芝麻鹽1小匙、砂糖1小匙、鹽少許

TIP | 將所有的材料(檸檬汁除外)丟入平底鍋炒香，關火後倒入檸檬汁。

辣椒油醋醬

青辣椒末2大匙、紅辣椒末1大匙、醬油2大匙、醋2大匙、胚芽油1大匙、砂糖1大匙、芝麻鹽1/2大匙、蒜末1小匙、鹽少許

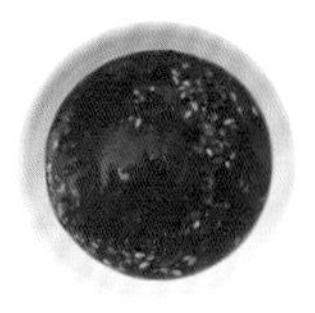

果香醋辣醬

奇異果碎末3大匙、辣椒3大匙、醋3大匙、海帶高湯1大匙、糖1小匙、芝麻鹽2小匙、麻油2小匙、蒜末1小匙

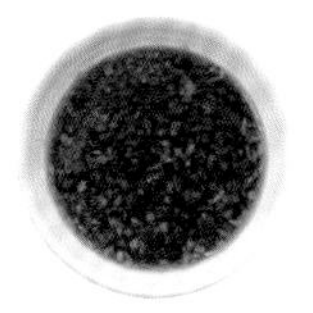

檸檬辣椒佐醬

檸檬皮蒜末2小匙、青陽辣椒2小匙、醬油2大匙、海帶高湯2大匙、檸檬汁2大匙、砂糖1大匙

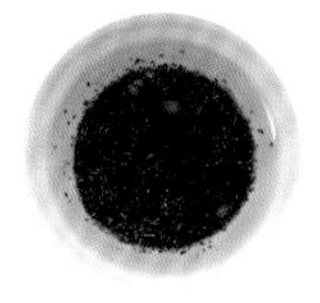

胡椒油醋醬

胡椒粒1大匙、橄欖油3大匙、香醋1大匙、檸檬汁1大匙、蒜末1小匙、鹽少許

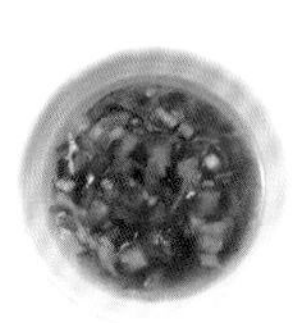

莎莎醬

番茄1顆切末、 洋蔥1/4個切末、青陽辣椒1根切末、橄欖油2大匙、檸檬汁1大匙、醋1大匙、Tabasco 1大匙、砂糖1大匙、鹽1/2小匙、胡椒少許

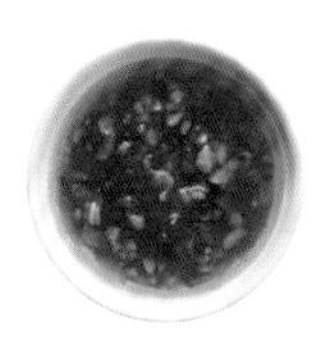

甜辣花生佐醬

甜辣醬3大匙、花生碎末3大匙、醋2大匙、橄欖油1大匙、香醋1小匙、蒜末1小匙

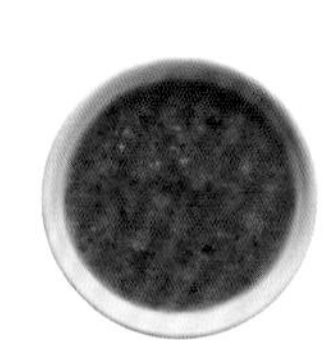

青陽辣椒佐醬

青陽辣椒1個、紅辣椒1個、洋蔥1/4個、胚芽油3大匙、醬油2大匙、醋2大匙、檸檬汁2大匙、砂糖2大匙

TIP | 利用攪拌機均勻混合

唐辛子酸辣醬

辣椒醬2大匙、蒜末2小匙、紅辣椒末2小匙、綠辣椒2小匙、橄欖油3大匙、檸檬汁3大匙、砂糖1小匙、鹽少許

微辣油醋醬

辣椒粉1小匙、青陽辣椒末1大匙、紅辣椒粉1大匙、橄欖油2大匙、醋2大匙、醬油1大匙、香醋1小匙、砂糖1小匙、鹽少許

吃不膩且作法簡單的沙拉佐醬

每日一醬

如果你在尋找可以和任何食材搭配的沙拉佐醬，建議您試著做看看這些沙拉佐醬！它們所使用的食材都非常容易取得，而且就算每天都吃也不會膩，是受眾人喜愛的沙拉佐醬。

10

千島沙拉醬

美乃滋3大匙、酸黃瓜湯汁2大匙、番茄醬1大匙、洋蔥末1大匙、酸黃瓜末1/2大匙、熟雞蛋1顆切碎、紅椒末1大匙、青椒末1大匙、檸檬汁1大匙、香芹末1小匙、鹽1/2小匙、白胡椒少許

09

法式油醋醬

橄欖油3大匙、紅酒醋2大匙、洋蔥末1大匙、檸檬汁1大匙、砂糖2小匙、鹽1小匙、蒜末1小匙

08

美乃滋優格佐醬

美乃滋3大匙、原味優格3大匙、醋2大匙、檸檬汁1大匙、糖1大匙、鹽1小匙

07

美乃滋佐醬

美乃滋3大匙、醋1大匙、檸檬汁1小匙、鹽1小匙、糖1/4小匙、香芹粉和白胡椒少許

06

美乃滋柚子清佐醬

美乃滋4大匙、柚子清醬2大匙、鹽1小匙、胡椒和糖少許

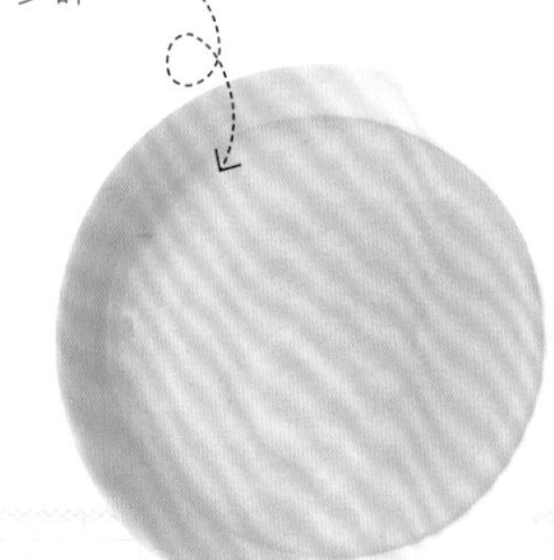

06～08 材料簡單且口感溫潤，小孩子喜歡吃的佐醬。

09～10 含有小顆粒的沙拉佐醬，吃起來特別有口感。

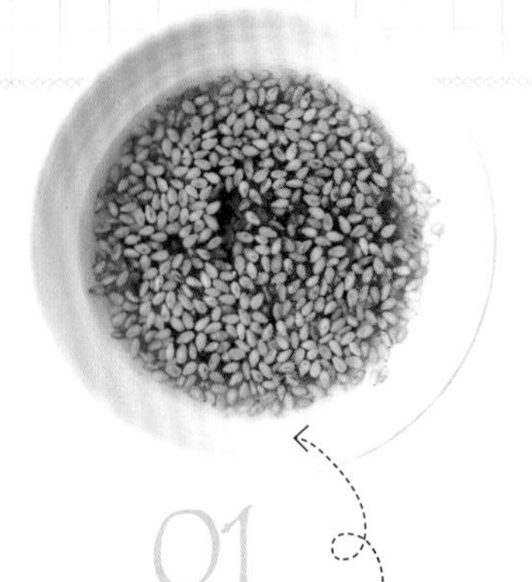

01

芝麻油佐醬

芝麻鹽2大匙、麻油1大匙、胚芽油1大匙、醬油2小匙、蔥末1小匙、蒜末1/2小匙

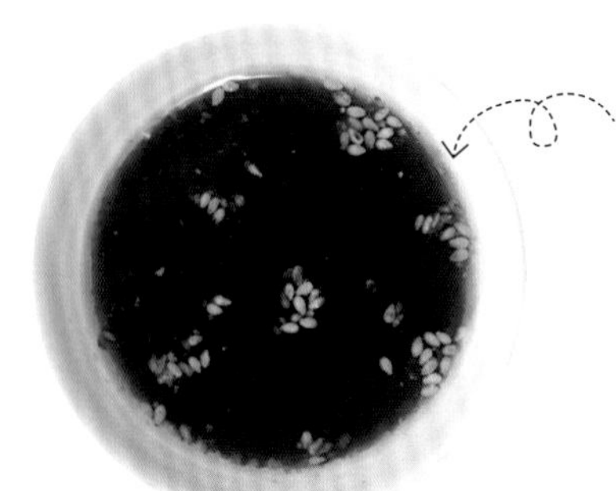

02

韓式醬油佐醬

醬油3大匙、砂糖2大匙、醋2大匙、檸檬汁2大匙、麻油2大匙、胚芽油1大匙、芝麻鹽1大匙、蒜末2小匙

03

青蔥醬油佐醬

切碎的細蔥4大匙、醬油2大匙、醋2大匙、砂糖1大匙、麻油1大匙、芝麻鹽2小匙

TIP | 放在冰箱冷藏保存

05

柳橙沙拉佐醬

柳橙1/2個、洋蔥1/4個、橄欖油3大匙、醋2大匙、砂糖1大匙、鹽1小匙

TIP | 取下柳橙的果肉後，和其它的材料一起放入攪拌機中均勻混合

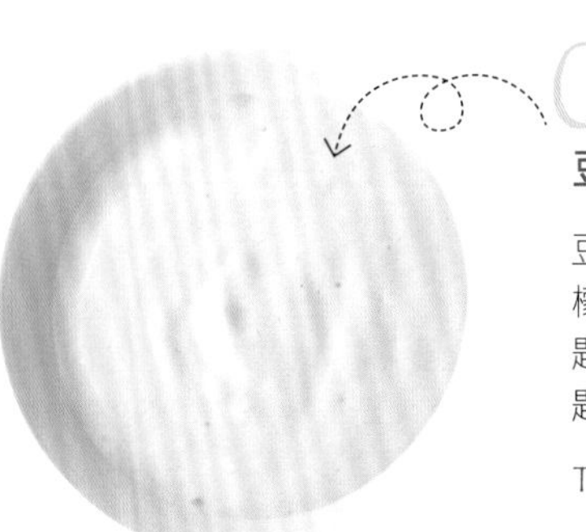

04

豆腐檸檬佐醬

豆腐1/4塊、豆漿1/2杯、檸檬汁3大匙、檸檬皮碎末1大匙、砂糖1大匙、橄欖油2小匙、鹽1/2小匙

TIP | 利用攪拌機均勻混合

01～03 用醬油做基底的佐醬，適合搭配韓式沙拉。

04～05 想要品嘗清爽口感的沙拉時，可以選擇這兩種佐醬。

忙碌的早晨，只要 5 分鐘即可解決

做法簡單容易的沙拉料理

切！灑！拌！超簡單沙拉

南瓜茄子溫沙拉

南瓜和茄子切成塊狀炒熟，
是一道適合與披薩或義大利麵一起享用的沙拉。

醬油蒜頭佐醬

醬油 2 大匙、海帶高湯 2 大匙、梅子清醬 1 大匙、蒜末 2 大匙、橄欖油 1 大匙、砂糖 1/2 小匙

材料

夏南瓜1/3個(150g)、
茄子1個、
紅椒1/4個、
洋蔥1/4個、
萵苣3片、
菊苣些許
調味料
橄欖油1大匙、鹽和黑胡椒粒少許

跟著這樣做

01 夏南瓜洗乾淨，切成2公分大小的塊狀。
02 茄子洗淨去頭尾，切成2公分大小的塊狀。
03 紅椒和洋蔥一樣切成2公分大小的塊狀。
04 萵苣和菊苣洗乾淨，浸泡冰水後瀝乾，鋪在盤上。
05 將夏南瓜、茄子、紅椒和洋蔥用調味料醃一下，靜置約10分鐘。
06 將平底鍋加熱，丟入醃漬過的食材拌炒約5分鐘。
07 蔬菜炒熟淋上足夠份量的醬油蒜頭佐醬拌勻後，將所有的食材放到鋪有萵苣和菊苣的盤子上。

05

07

Cooking Point

南瓜和茄子醃漬過後，吃起來會更有嚼勁且佐醬也較易入味。且南瓜和茄子易吸附油脂，事先醃漬可以減少油脂的吸附。

小黃瓜栗子沙拉

喀嚓～喀嚓～
散發著梅子香氣的栗子和黃瓜在嘴中發出清脆的聲音，
從開始料理到完食皆只需要短短的5分鐘。

材料

剝好皮的栗子 2 杯(300g)、
黃瓜1條、
洋蔥1/2個、
芝麻粒、
粗鹽少許

梅子清佐醬

梅子清醬 2 大匙、醋 3 大匙、辣椒粉 1 大匙、芝麻鹽 1 大匙、砂糖 1 小匙、蒜末 1 小匙，鹽 1 小匙、麻油 2 小匙

跟著這樣做

01 將栗子泡在冰水一陣後撈出，切成5mm的厚片。
02 用粗鹽搓洗小黃瓜後洗淨，切成5mm厚圓片。
03 洋蔥切的和栗子片差不多大小，泡在冰水後撈起瀝乾。
04 把梅子清佐醬的材料放入碗中均勻混合。
05 將栗子放入碗中與佐醬均勻混合後，放入黃瓜和洋蔥輕輕拌勻，最後再灑上芝麻粒。

01

05

Cooking Point

料理時，先放入栗子可讓栗子先入味。若先放入黃瓜和洋蔥，栗子將較不易入味。

嫩南瓜甜蝦沙拉

將嫩南瓜與蝦子煮熟並淋上辣味沙拉佐醬後，
即便是刁嘴的老人家也會喜歡的韓式超簡單沙拉

材料

嫩南瓜1又1/2個、
雞尾蝦(中蝦)8隻、
芝麻粒些許

辣椒油醋醬

醬油 2 大匙、醋 2 大匙、胚芽油 1 大匙、砂糖 1 大匙、青辣椒末 2 大匙、紅辣椒末 1 大匙、蒜末 1 小匙、芝麻鹽 1/2 大匙、鹽少許

跟著這樣做

01 將嫩南瓜對切成兩等份，放入蒸鍋蒸煮5分鐘後，打開蒸鍋蓋利用餘熱將南瓜徹底蒸熟。
02 雞尾蝦用滾水稍微燙過。
03 混合沙拉佐醬的材料製作辣椒油醋醬。
04 將蒸過的嫩南瓜切成7mm的半圓形厚片，並與雞尾蝦均勻混合後，倒入做好的醬料輕輕拌勻。擺放至盤中，最後灑上芝麻。

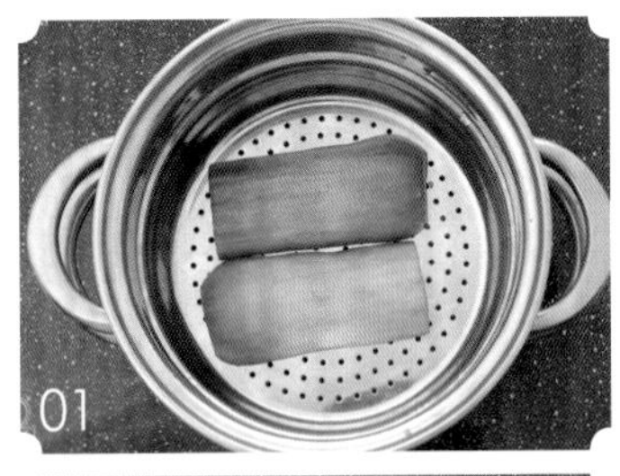

Cooking Point

為了維持蔬菜的清脆口感和青翠顏色，蔬菜在稍微蒸過後，請將蓋子打開利用鍋中的餘熱讓蔬菜均勻熟透。

綠豆涼粉沙拉

重金屬汙染、沙塵暴…
如果您總是擔心家人的健康，
今天晚上不妨就為大家準備用解毒聖品-
綠豆涼粉做成的沙拉吧！

超簡單油醋醬

胚芽油 1 大匙、麻油 2 小匙、醬油 2 大匙、砂糖 1 大匙、醋 2 大匙

材料

綠豆涼粉300g、
小黃瓜1條、
乾香菇3個、
鹽少許

跟著這樣做

01 綠豆涼粉糕切成6公分的長條狀，丟入滾水中汆燙，並用鹽巴調味後放涼。
02 小黃瓜切成6cm的細長條，平底鍋中加入少許的水和鹽拌炒後放涼。
03 乾香菇泡水後，將水擰乾並切成細絲。
04 將沙拉佐醬全部的材料(醋除外)放入平底鍋中和香菇一起拌炒。
05 香菇炒出光澤後關火，依序加入沙拉佐醬中的醋、綠豆涼粉、黃瓜在平底鍋內混合均勻。

Cooking Point

醋具有容易揮發的特性，若將醋加熱，它的酸味很容易消失。料理時，記得先將香菇炒熟後再加醋，這樣就能維持沙拉那股酸酸甜甜的滋味。

大葉芹金針菇沙拉

沒有小菜可以搭配主菜的時候，
就讓大葉芹和金針菇來場美麗的邂逅吧！
飄散著胡麻油香氣的沙拉馬上完成。

材料

大葉芹1把半(200g)、
金針菇1包、
紅辣椒1/2個

胡麻油佐醬

胡麻油 2 大匙、鹽 1/2 小匙、韓式湯醬油 1/3 小匙、蒜末 1 小匙、胡麻粉 2 小匙

跟著這樣做

01 將大葉芹洗乾淨，用鹽水汆燙後分成2~3等份。
02 切掉金針菇的根部，撕成一絲一絲的丟入鹽水中汆燙。
03 紅辣椒對剖半，把籽拿掉切成3公分左右，丟入冰水浸泡後撈出瀝乾。
04 將胡麻油佐醬的材料與大葉芹和金針菇混合均勻，最後將紅辣椒拌勻或灑在沙拉上。

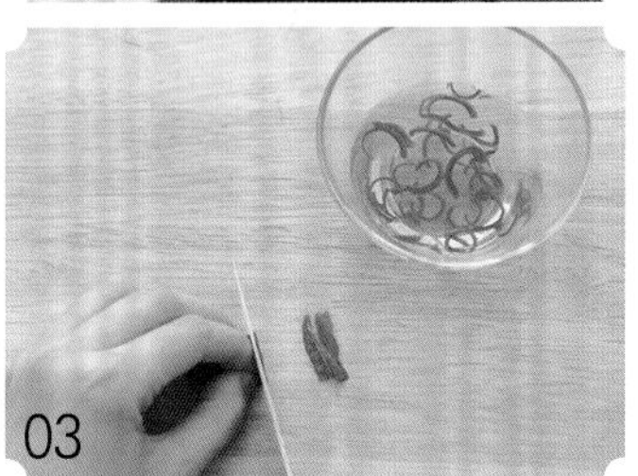

Cooking Point

大葉芹汆燙時，時間不要太長。丟入滾水中，用筷子攪拌兩三下即可撈起瀝乾，這樣才能維持蔬菜的香氣和色澤。

蒜苗鮪魚沙拉

利用在超市容易取得的食材，
蒜苗、鮪魚、洋蔥的組合不論男女老少都愛吃，
是一道符合國人口味的沙拉。

洋蔥油醋醬
醬油 2 大匙、洋蔥末 3 大匙、胚芽油 2 大匙、醋 1 大匙、檸檬汁 1 大匙、砂糖 1 小匙

材料

方形鮪魚罐頭1個(或一般的鮪魚罐頭[小]1個)、
蒜苗13~15根(200g)、
蒜頭4瓣、
橡葉4根、
食用油少許、
鹽巴少許

跟著這樣做

01 鮪魚罐頭打開放到濾網上，淋下熱水後放涼。
02 蒜苗切成10cm的長度，平底鍋倒入食用油炒蒜苗，並用鹽巴調味。
03 按照蒜頭形狀切成薄片，在平底鍋中煎至金黃色。
04 橡葉撕成好入口的大小，浸泡在冰水中撈出瀝乾。
05 炒過的蒜苗鋪在盤底，鮪魚和蒜頭擺放其上，洋蔥油醋醬調好後淋上。

Cooking Point

- 蒜苗稍微燙過或炒過後，可以去除掉蒜苗特有的辣味且甜味加倍，也可幫助增加維他命A的吸收。
- 用中火慢慢將蒜頭薄片烤至金黃才不會有苦味。

蘆筍沙拉

悠閒的周末午後，
做一道火腿佐蘆筍沙拉，
和家人一起享受美味的早午餐吧！

材料

蘆筍10～12根(150g)，
小番茄10個，
洋蔥1/4個、
火腿片60g、
橄欖油少許、
鹽少許、
黑胡椒少許

檸檬醋佐醬

檸檬醋 3 大匙、橄欖油 2 大匙、砂糖 1 大匙、蒜末 1 小匙、鹽 1 小匙

跟著這樣做

01 去除蘆筍較粗的纖維及老的根莖，丟入滾水中汆燙。
02 小番茄洗乾淨，丟入加過油的平底鍋拌炒，最後用橄欖油、鹽、黑胡椒調味。
03 洋蔥切成細絲，浸泡冰水後撈起瀝乾。
04 火腿片丟入滾水中稍微燙過後瀝乾。
05 把蘆筍、小番茄、洋蔥擺入盤中，火腿片放在最上面，最後淋下檸檬醋佐醬即完成。

Cooking Point

購買檸檬醋時，一定要確認是否是用天然檸檬釀造的檸檬醋，不建議購買僅加入檸檬香料添加物的檸檬醋。您也可在家自行釀造天然檸檬醋，將1顆檸檬切成薄片，加入2杯份量的一般釀造醋，靜置約2周即完成。

萵苣紫蘇沙拉

容易取得的萵苣和紫蘇葉
遇上了香氣十足的柚子沙拉佐醬，
將變身成為一道特別的沙拉。

材料

萵苣5片(300g)、
紫萵苣1片(60g)、
紫蘇葉10片、
洋蔥1/4個

柚子清佐醬
柚子清醬(或柚子茶醬)2大匙、醋3大匙、水2大匙、糖1小匙、鹽1小匙

跟著這樣做

01 萵苣、紫萵苣、紫蘇葉、洋蔥切絲後均勻混合，並丟入冰水浸泡後瀝乾。
02 柚子清佐醬的材料混合均勻。若沒有柚子清醬，可用柚子茶醬代替柚子清醬，但請放入攪拌機混合均勻。
03 將步驟01的材料放到碗中，淋上柚子沙拉佐醬後輕拌完成。

01

Cooking Point

- 萵苣和紫萵苣的甜味及養份會流失到水中，所以請勿浸泡太久。
- 用柚子醬醃漬過的萵苣，若用密封容器裝好可冷藏保存3~4天。

鮪魚洋蔥沙拉

只要有鮪魚和洋蔥，
即便沒有其他的蔬菜，
也能做成一道美味的沙拉。

材料

方形鮪魚罐頭1個(或一般的鮪魚罐頭[小]1個)、
洋蔥1個、
小豆苗少許

微辣油醋醬

辣椒粉 1 小匙、青陽辣椒末 1 大匙、紅辣椒末 1 大匙、橄欖油 2 大匙、醋 2 大匙、醬油 1 大匙、香醋 1 小匙、砂糖 1 小匙、鹽少許

跟著這樣做

01 將鮪魚從罐頭中取出，放在濾網上用熱水浸泡。
02 洋蔥切成細絲，浸泡在冰水後撈出瀝乾。
03 摘掉小豆苗的根部，浸泡在冰水後撈出瀝乾。
04 微辣油醋醬的材料混合均勻。
05 洋蔥和小豆苗混合後擺入盤中，放上鮪魚塊，最後淋上佐醬即完成。

01

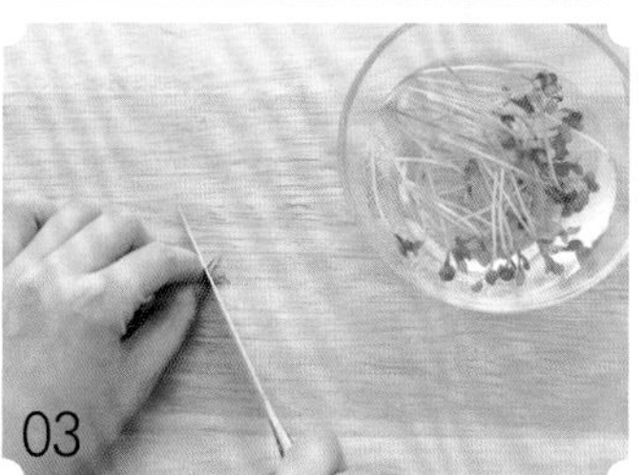
03

Cooking Point

用熱水浸泡鮪魚可以去除罐頭或醃漬調味料中不好的成份，讓鮪魚的口感變乾淨。

葡萄乾堅果沙拉

吃膩萵苣的話，
不妨試看看具有口感的堅果沙拉吧！
馬上完成好吃且營養滿分的超簡單沙拉。

楓糖美乃滋佐醬

楓糖漿 1 又 1/2 大匙、美乃滋 3 大匙、檸檬汁 1 大匙、醋 2 小匙、白胡椒少許

材料

萵苣(中)6片(1/2個)、
黃瓜1/2個、
洋蔥1/4個、
紅蘿蔔1/6個、
葡萄乾3大匙、
核桃粗顆粒2大匙、
葵花子2大匙

跟著這樣做

01 萵苣對切成4~6大塊，放入冰水浸泡後撈出瀝乾。
02 黃瓜、洋蔥、紅蘿蔔切成5公分的長度，放入冰水浸泡撈出瀝乾。
03 乾葡萄用水洗淨，放在濾網中瀝乾。
04 用平底鍋將核桃和葵花子炒過後放涼。
05 將楓糖美乃滋沙拉佐醬的材料混合均勻。
06 蔬菜混合均勻後放入盤中淋上沙拉佐醬，最後灑上葡萄乾、葵花子即完成。

03

04

Cooking Point

葡萄乾在風乾的過程可能會沾到灰塵和其他髒汙，所以要放在濾網中用流動的水洗乾淨。

韭菜油豆腐沙拉

油豆腐具彈性的口感與肉類相似，
所以能夠刺激食慾。
這是一道有著韭菜清爽口感和芝麻高雅香氣的沙拉。

材料

細韭菜100g、
油豆腐5塊、
紅蘿蔔1/5個、
洋蔥1/4個

芝麻油佐醬

芝麻鹽 2 大匙、麻油 1 大匙、胚芽油 1 大匙、醬油 2 小匙、蔥末 1 小匙、蒜末 1/2 小匙

跟著這樣做

01 細韭菜切成3~4等份，浸泡在冰水中後取出瀝乾。
02 用熱水將油豆腐燙過，除去多餘油脂。
03 用手將油豆腐多餘的水分擠乾後，切成細長條狀。
04 紅蘿蔔切成和韭菜一樣的長度，浸泡在冰水中後撈出。
05 將芝麻油佐醬的材料混合均勻，與油豆腐、紅蘿蔔、洋蔥一起輕拌即完成。

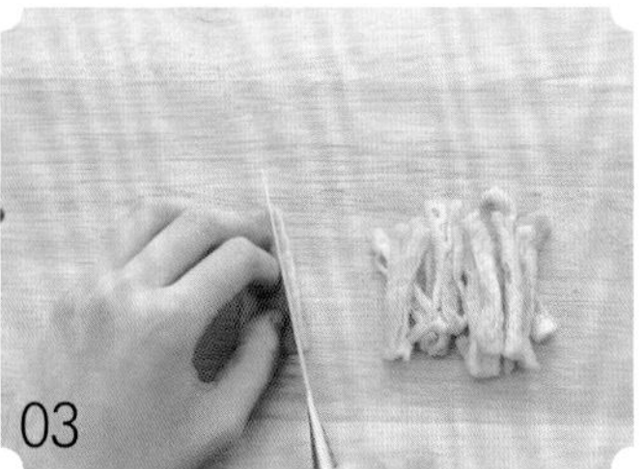

Cooking Point

將白豆腐切塊油炸後就是油豆腐，因此它的油脂含量很高。將油豆腐先用滾水汆燙便可去除多餘的油脂，讓整道沙拉的口感變得清爽。

雞胸肉蔬菜沙拉

如果您選擇水果跟優格做成的
佐醬來享受豐富的口感，
那麼請您一定要試試帶有些許
苦味的羊乳來製作佐醬，
有了它，將可以做出一道美味
且富含營養的沙拉。

材料

雞胸肉罐頭1個
萵苣5片
維他命菜3個
菊苣5個
洋蔥1/4個

羊乳松子沙拉佐醬
剝皮的羊乳(植物)1 根、炒過的松子 1 大匙、醋 2 大匙、檸檬之 1 大匙、麻油 1 大匙、鹽 1 小匙、糖 1 大匙

跟著這樣做

01 將雞胸肉放在濾網上用熱水淋下。待之放涼切成長條狀。

02 萵苣、維他命菜、菊苣撕成一口大小，浸泡冰水後撈出瀝乾。

03 洋蔥切絲，浸泡冰水後撈出瀝乾。

04 將佐醬材料中的羊乳切塊，和其他材料一起丟入攪拌機中均勻混合。

05 萵苣、維他命菜、菊苣和洋蔥混合均勻後放入盤中，雞胸肉放在最上層，最後淋上沙拉佐醬即完成。

Cooking Point

- 羊乳去皮放入鹽水中浸泡，待苦味去除後再使用。
- 炒過的堅果香氣更加迷人。

南瓜與地瓜，
咖哩與鳳梨的組合？
您覺得難以想像嗎？
那就試著挑戰看看吧！
柔軟香甜的南瓜和地瓜
配上了咖哩鳳梨沙拉佐醬，
一道清爽且無負擔的沙拉馬上完成。

材料

南瓜1/4個，
地瓜(中型)1個、
洋蔥1/4個、
葡萄乾1大匙、
花生粉末2大匙、
鹽少許

鳳梨咖哩佐醬

咖哩粉 1 小匙、鳳梨 1 小片 (30g)、原味優格 1/2 杯、檸檬汁 2 大匙、糖 1 小匙、鹽些許

跟著這樣做

01 將南瓜與地瓜的外皮去除，切成一口大小，放入蒸鍋蒸煮。
02 洋蔥切丁用鹽巴醃漬並用力擰乾。
03 葡萄乾洗乾淨，放在濾網中瀝乾。
04 將鳳梨咖哩佐醬的材料混合均勻。
05 南瓜與地瓜在溫熱的狀態下，放入碗中和其他材料混合均勻，最後淋下佐醬輕拌即完成。

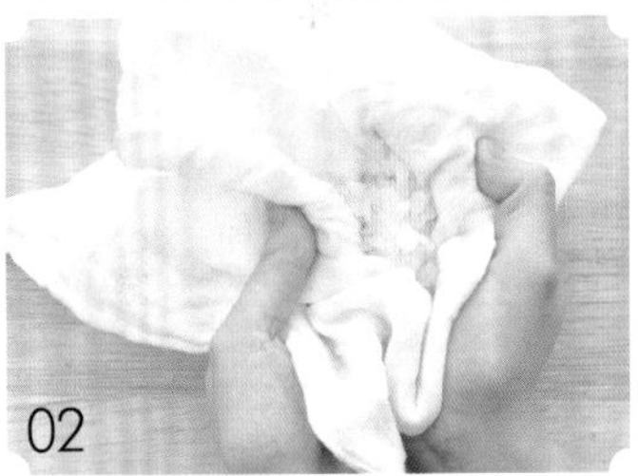

Cooking Point

- 洋蔥用鹽巴醃漬將水擰乾可以去除辣味。
- 南瓜與地瓜要趁熱才能品嚐到柔軟濕潤的口感，且能跟其他食材協調地混合再一起，沙拉佐醬也會更易入味。若南瓜與地瓜冷掉，請用保鮮膜包起放入微波爐加熱。

苜蓿芽魚卵蘇打餅沙拉

溫暖的春日，
您在尋找增進食慾的菜單嗎？
在此推薦您苜蓿芽魚卵蘇打餅沙拉。
配上一杯熱茶，即可享用一餐美味的早午餐。

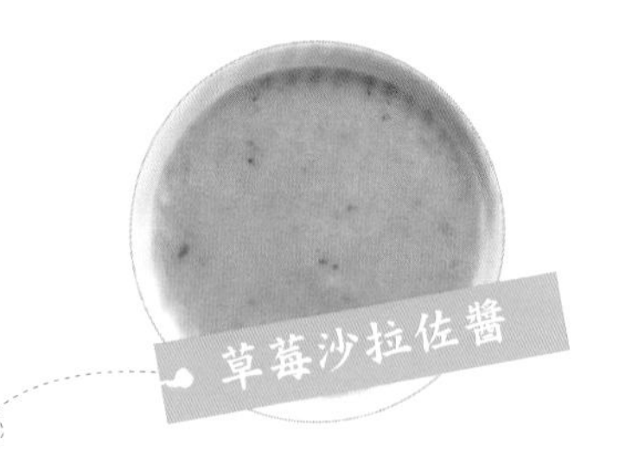

材料

苜蓿芽2包(100g)、
飛魚卵3大匙、
鹹味蘇打餅適量

草莓沙拉佐醬

草莓 1 杯 (150g)、洋蔥 1/4 個、葡萄籽油 3 大匙、醋 2 大匙、檸檬汁 1 大匙、砂糖 2 小匙、鹽 1 小匙

跟著這樣做

01 將苜蓿芽放在濾網中，用流動的水清洗後瀝乾。

02 去除草莓蒂頭後，將草莓沙拉佐醬的所有材料用攪拌機混合，放入冰箱冷藏。

03 苜蓿芽與飛魚卵放在蘇打餅上，淋上沙拉佐醬即完成。

01

02

Health info >> 苜蓿芽

苜蓿芽是在種子發芽後的3~4天內收成，所以它受到農藥的汙染較少。苜蓿芽中含有的無機鹽類、維他命、蛋白質等有效的營養素是發育完全蔬菜的3~4倍。由於它有著些許的苦味，所以適合與甜甜的水果沙拉佐醬作搭配。您也可用奇異果或柳橙…等水果代替草莓。

利用南瓜甜藷沙拉和苜蓿芽魚卵蘇打餅
沙拉剩餘材料做成的

地瓜豆漿&草莓苜蓿芽果汁

不知道該怎麼處理地瓜，
對蒸地瓜感到膩了嗎？
買了一盒草莓，
卻擔心它一下子就會壞掉。
用一杯爽口的草莓苜蓿芽果汁
迎接早晨吧！
睡前肚子餓時，
用甜而不膩的地瓜豆漿
來滿足一下吧！

地瓜豆漿

材料
地瓜1個
豆漿2杯

跟著這樣做

01 地瓜用軟刷子連皮一起洗乾淨。
02 地瓜蒸熟後，把皮剝除切成適當大小。
03 地瓜和豆漿放入攪拌機中均勻混合。

草莓苜蓿芽果汁

材料
草莓1盒(150g)、
苜蓿芽1盒(50g)、
冰水1/2杯

跟著這樣做

01 草莓洗淨後摘除蒂頭，苜蓿芽洗淨後瀝乾。
02 草莓、苜蓿芽、冰水放入攪拌機中均勻混合。

花椰菜洋蔥沙拉

品嚐完綠茶後，
先不要急著把綠茶葉丟掉，
可將之放進冰箱保存。
當要做沙拉佐醬或涼拌小菜時，
您可試著把茶葉切碎，
如此一來可以簡單又實惠的
享受含有綠茶香氣的料理。

材料

花椰菜 1顆(360g)、
洋蔥1/2個、
鹽少許

茶香油醋醬
泡過水的綠茶葉 1 大匙、醬油 2 大匙、醋 2 大匙、糖 1 大匙、橄欖油 3 大匙

跟著這樣做

01 將花椰菜切成一口大小丟入滾水(加鹽)汆燙，撈起後用冷水沖涼。
02 洋蔥切絲後，浸泡冰水以去除洋蔥的辣味。
03 茶香油醋醬材料中的綠茶葉切絲，與佐醬的其他材料混合後放入冰箱冷藏。
04 花椰菜和洋蔥放入大碗，淋上冰涼的茶香油醋醬輕拌均勻。

Cooking Point

綠茶葉若用過於滾燙的水浸泡，茶葉中富含的兒茶素會流失並產生苦味，建議用稍微放涼過的水沖泡茶葉。

青江菜豆腐沙拉

中華料理的傳統菜單-青江菜！
買了青江菜卻不知道該如何料理嗎？
利用健康的豆腐和辣油沙拉佐醬，
試著製作一道中華風沙拉吧！

材料

青江菜(大)2~3株(200g)、
豆腐1/2個(170g)、
洋蔥1/3個

辣油沙拉佐醬
辣油 2 大匙、檸檬汁 2 大匙、醬油 1 大匙、蒜末 2 小匙、生薑末 1/2 小匙、芝麻鹽 1 小匙、砂糖 1 小匙、鹽少許

跟著這樣做

01 青江菜洗淨後，從底部切開成2~4等分的長條。
02 豆腐切成長寬高1.5公分的丁狀。
03 洋蔥切絲後浸泡冰水瀝乾。
04 在盤中鋪上切好的洋蔥，然後依序放上青江菜和豆腐。
05 將步驟04整盤放入蒸鍋中蒸煮8~10分鐘。
06 將佐醬的所有材料(檸檬汁除外)放入平底鍋翻炒至飄出香味，最後關火加入檸檬汁。
07 在步驟05的盤子中淋下沙拉佐醬即完成。

Cooking Point

辣油沙拉佐醬中的檸檬汁因易揮發，所以勿與其他材料一同拌炒，請最後再加入。

葡萄豆腐沙拉

可以讓皮膚和身材同時變好的葡萄豆腐沙拉！
搭配核桃優格佐醬的話，
還可以解決便秘問題並增進毛髮健康。

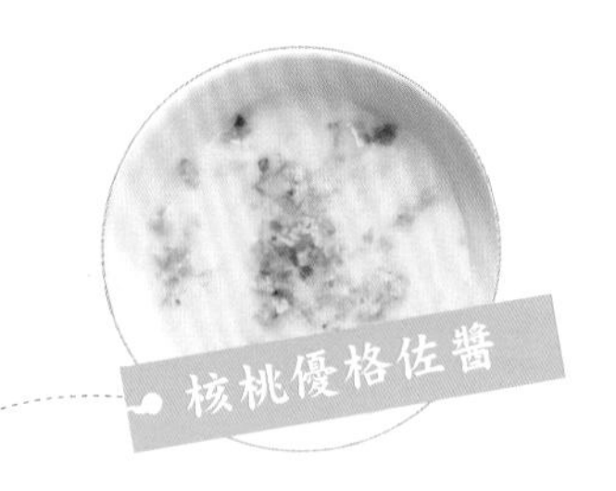

核桃優格佐醬

核桃 4 粒、原味優格 1/2 杯、醋 1 大匙、砂糖 1 小匙、鹽 1 小匙

材料

葡萄1串、
生食用豆腐1塊、
菊苣5~6片

跟著這樣做

01 葡萄對半切後備用。
02 豆腐切成長寬高1.5公分的丁狀。菊苣撕成一口大小，浸泡冰水後瀝乾。
03 核桃用滾水燙過，放入乾平底鍋中翻炒後壓碎。
04 步驟03的材料和核桃優格佐醬的其他材料混合。
05 在碗中放入葡萄、豆腐和菊苣，淋下沙拉佐醬即完成。

Cooking Point

附著在核桃上的薄膜有苦味，用滾水燙過即可去除其苦味。

花枝大白菜沙拉

當季的大白菜切成細絲後，
清脆的口感和甜度並不會輸給萵苣。
和具嚼勁的花枝搭配在一起，
一道可以當成配菜的沙拉就誕生了。

材料

花枝1個、
大白菜菜心5個、
洋蔥1/4個、
苜蓿芽少許

蒜頭檸檬佐醬

蒜末 (顆粒稍粗)1 又 1/2 大匙、檸檬皮碎末 1 大匙、檸檬汁 3 大匙、麻油 1 大匙、砂糖 1 大匙、鹽 1 小匙、鯷魚露 1/2 小匙

跟著這樣做

01 去除花枝的內臟和表皮在表面劃刀後，切絲丟入滾水中汆燙。
02 大白菜菜心與洋蔥切絲，浸泡冰水後撈出瀝乾。
03 製作適當份量的蒜頭檸檬佐醬
04 大白菜、洋蔥和苜蓿芽混合均勻裝入盤中，最後放上花枝後淋上佐醬即完成。

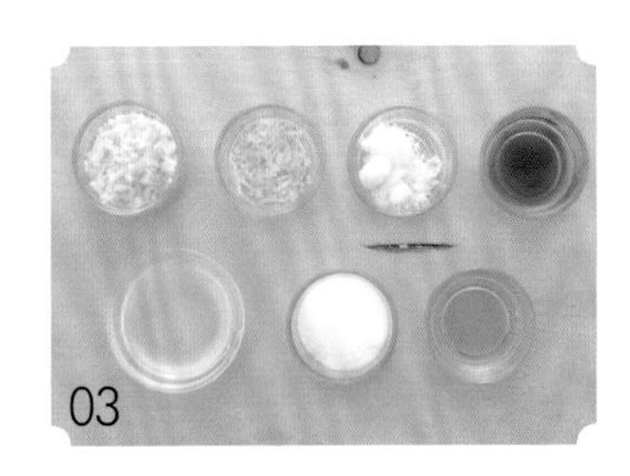

Cooking Point

- 花枝比起牛肉擁有更優秀的蛋白質，它雖然是高蛋白食品，但卻有著較不易消化的缺點。為了要好消化，建議將花枝表皮劃開後切成條狀再料理。
- 如果直接用刀背或刀把敲碎蒜頭，蒜頭將會產生澀味。雖然很麻煩，但請用刀刃將蒜頭切碎，才能達到清爽的口感。和海鮮搭配的蒜頭建議切的較大粒，能夠去除海鮮的腥味。
- 檸檬皮上白白的地方會有苦味，請注意避免使用。

馬鈴薯花椰菜沙拉

花椰菜有著特殊的草味，所以經常沾醋辣醬吃嗎？
試著和馬鈴薯還有蜂蜜芥末美乃滋佐醬一起享用。
沙拉佐醬濃郁的味道將可以完美地蓋過花椰菜的草味。

材料

馬鈴薯(中型)2個、
花椰菜1/2個、
洋蔥1/2個、
小黃瓜1/2個、
維他命菜3株、
鹽和橄欖油少許

蜂蜜芥末美乃滋佐醬
美乃滋 4 大匙、黃芥末 1 大匙、醋 2 大匙、蜂蜜 1 大匙、鹽 1 小匙、粗胡椒少許

跟著這樣做

01 馬鈴薯剝皮後，切成3公分大小的塊狀，泡入冰水後去除馬鈴薯澱粉。馬鈴薯澱粉溶解到某個程度後，將之放入有鹽巴和橄欖油的水中煮熟並放涼。
02 花椰菜分成小塊，用滾水(加鹽)汆燙後放涼。
03 洋蔥和小黃瓜切成有口感的塊狀。
04 維他命菜切成一口大小，放入冰水浸泡後瀝乾。
05 將蜂蜜芥末美乃滋的材料(美乃滋除外)均勻混合後，最後再加入美乃滋。
06 把準備好的材料裝入碗中，最後淋上佐醬後即完成。

01

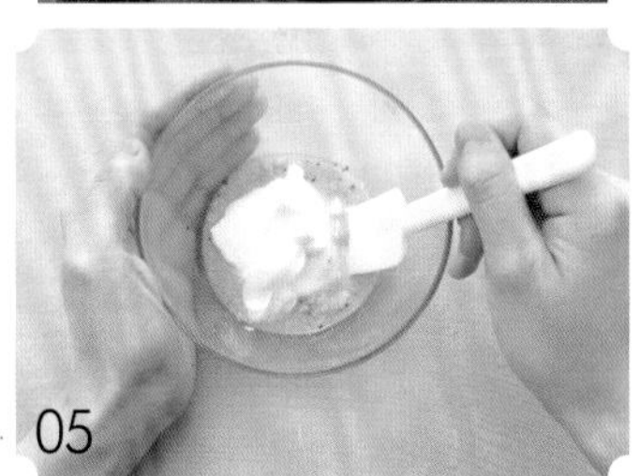
05

Cooking Point

- 用有橄欖油和鹽的水將馬鈴薯煮熟，可讓馬鈴薯更容易入味。
- 如果一次就將所有的材料加在一起混合，芥末或蜂蜜容易結成塊狀。因此，先將蜂蜜和芥末混合均勻後，最後再加入美乃滋。

利用馬鈴薯花椰菜沙拉
的剩餘材料製作

培根三明治

製作沙拉剩餘的材料
可以將它們變身成好吃的三明治，
利用剩下的佐醬將
讓三明治的美味再升級。

材料

吐司4片、培根4塊、雞蛋2個、番茄2個、萵苣3片、蜂蜜芥末美乃滋佐醬3大匙

跟著這樣做

01 用平底鍋把吐司煎至金黃色。
02 培根用滾水燙過後，放入平底鍋乾煎至金黃色。
03 雞蛋整顆煮熟後，切成5mm的圓片。
04 番茄洗淨後切成5mm的薄片，並將番茄籽去除。
05 吐司塗上一層蜂蜜芥末美乃滋醬後，由下至上依序為吐司、萵苣、番茄、培根、雞蛋、吐司，按照順序擺好後即完成。

Cooking Point

- 培根用水燙過油脂仍非常多，所以放入平底鍋煎烤時，不需要加油也可以煎得很漂亮。
- 番茄若未去籽直接使用的話，會因水份使得吐司變軟，所以建議僅使用果肉。

竹筍水芹沙拉

竹筍、水芹、紅柿是解酒的3大妙方，
它們也有助於減緩異位性皮膚炎的症狀。
這道料理對老公、
對小孩的健康都有幫助，
我真心推薦給您。

紅柿沙拉佐醬

材料

竹筍罐頭1個、
水芹50g、小黃瓜1/2個、
紅蘿蔔1/6個、黑芝麻些許

紅柿沙拉佐醬

紅柿 4 大匙 (用篩子過濾)、檸檬汁 2 大匙、
鹽 1 小匙、砂糖 1/2 小匙

跟著這樣做

01 竹筍對半切，並保留它的形狀切成片狀。丟入滾水汆燙去除石灰物質。
02 水芹挑選嫩葉部分丟入滾水汆燙後，切成6公分的長度。
03 小黃瓜與紅蘿蔔也切成6公分的長度，浸泡冰水後瀝乾。
04 製作適當分量的紅柿沙拉佐醬。
05 竹筍、水芹、小黃瓜和紅蘿蔔混合均勻，淋上沙拉佐醬，最後撒上黑芝麻粒即完成。

Cooking Point

- 竹筍中含有的石灰質是苦澀味道的來源，所以建議用滾水汆燙後再食用。
- 紅柿剝皮後要用濾網過濾，這樣佐醬才不會結塊。

美味好吃！營養滿分！

飽足感十足的豐盛沙拉

營養均衡的一盤！
飽足感沙拉

韓式牛肉蘿蔓沙拉

韓國料理中，
韓式烤牛肉受到大部份外國人的喜愛。
如果你有習慣使用刀叉的外國朋友，
試著將牛肉和蘿蔓生菜組合在一起，
做一道韓式牛肉沙拉來招待他們吧！

法式紅酒佐醬

橄欖油 3 大匙、紅酒醋 1 大匙、 檸檬汁 1 大匙、蕃茄丁 1 大匙、洋蔥末 1 大匙、砂糖 2 小匙、鹽 1 小匙、蒜末 1 小匙、胡椒少許

材料

韓式牛肉用牛肉200g、
蘿蔓生菜(大)兩個(100g)、
小黃瓜1/2個、洋蔥1/4個、
雜糧麵包棍1/2個

調味料

醬油2小匙、砂糖1小匙、蒜末1小匙、麻油1小匙、胡椒少許

跟著這樣做

01 牛肉切成適當大小後醃漬，放入熱平底鍋拌炒並放涼。
02 蘿蔓生菜撕成一口大小，放入冷水浸泡後撈起。
03 小黃瓜和洋蔥切成5cm的細絲，放入冷水浸泡後撈起。
04 雜糧麵包棍切成厚片，放入平底鍋中乾煎至金黃色。
05 蘿蔓生菜、小黃瓜、洋蔥混合均勻呈盤，並將韓式牛肉放入盤中，淋上混合均勻的法式紅酒佐醬，最後再把雜糧麵包放在盤邊作裝飾。

Cooking Point

- 韓式牛肉調味時，注意不要弄得太鹹，因為最後還要淋上沙拉佐醬。
- 先將雜糧麵包烤過，麵包吃起來才不會太軟。

開城年糕沙拉

圓圓可愛的開城年糕口感柔軟溫和，
適合作為沙拉的食材。
比起辣炒年糕或年糕湯中的年糕，
年糕作為沙拉食材時，
記得要煮得稍微軟嫩一點。

蘋果油醋醬

蘋果1/2個、洋蔥1/4個、橄欖油3大匙、醋2大匙、檸檬汁1大匙、糖1大匙

材料

開城年糕1杯(150g)、
蘋果1個、
梨子1/2個、
橘子1個、
萵苣4片、
菊苣4個
調味料
麻油2小匙、醬油1小匙、砂糖1小匙

跟著這樣做

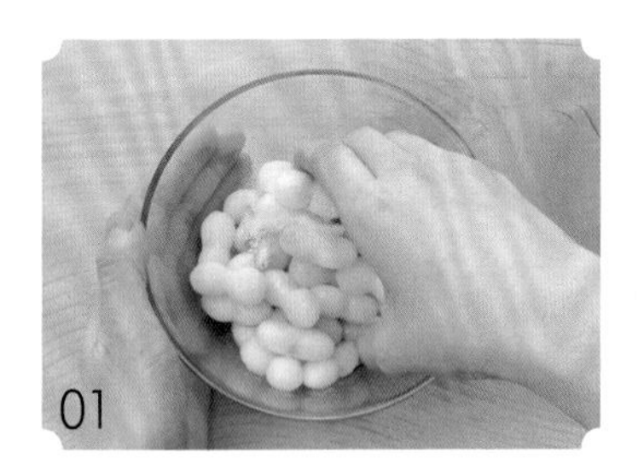

01 開城年糕用滾水燙軟後調味醃漬。
02 蘋果、梨子、橘子剝皮切成一口大小的扇形。
03 萵苣、菊苣撕成適合入口的大小，放入冷水浸泡後撈起。
04 蘋果去籽切成丁狀，和佐醬的其他材料一起放入攪拌機中混合。
05 盤底鋪上萵苣和菊苣，再擺上開城年糕、蘋果、梨子和橘子，最後淋上沙拉佐醬即完成。

Cooking Point

開城年糕放涼後容易變硬，所以汆燙時間要比平常久一點。

雞胸肉綠豆沙拉

口感乾澀的雞胸肉較不易消化，若搭配上柔軟的綠豆，
無論是體重、營養、口感都是一級棒，
達到一石三鳥的效果。

材料

雞胸肉一塊、
去皮綠豆5大匙、
茄子1個、
黃椒1/2個、
紅椒1/2個、
青椒1/2個、
洋蔥1/4個、
鹽和胡椒少許

調味料

橄欖油1大匙、蒜末1小匙、
鹽和胡椒少許

青陽辣椒佐醬

青陽辣椒 1 個、紅辣椒 1 個、洋蔥 1/4 個、胚芽油 3 大匙、醬油 2 大匙、醋 2 大匙、檸檬汁 2 大匙、砂糖 2 大匙

跟著這樣做

01 去皮綠豆洗乾淨，鍋中放入足夠水量並加入些許鹽巴。綠豆放入煮熟後，撈起瀝乾。

02 雞胸肉對半切開調味醃漬，放到烤肉架上烤至金黃色。

03 茄子、番茄、青椒、甜椒、洋蔥切成易入口的大小並調味，放到烤肉架上稍微烤過。

04 青陽辣椒佐醬的材料放入攪拌機混合均勻，放入冰箱冷藏保存。

05 烤過的蔬菜均勻混合後呈盤，擺上雞胸肉，最後將煮好的綠豆與佐醬淋上即完成。

01

02

Cooking Point

雞胸肉直接燒烤的話，肉質會非常乾澀。先塗上橄欖油再烤，可以讓肉質變柔軟。

甘藷脆片沙拉

地瓜沾上麵包粉酥炸後，
吃起來的口感會類似麵包丁或法式長棍麵包。
將之和沙拉搭配，其酥脆的口感更是讓人拍案叫絕。
搭配上與地瓜很合的肉桂鮮奶油佐醬，
可以吃到如同烤地瓜一樣的風味。

肉桂鮮奶油佐醬
肉桂粉 1 小匙、鮮奶油 4 大匙、蜂蜜 1 大匙、鹽 1 小匙

材料

地瓜1個、
麵包粉2大匙、
萵苣5張、
菊苣5~6顆、
橡樹葉5根、
油炸用油適量

跟著這樣做

01 地瓜剝皮後，用刨絲器刨出鬆餅形狀的地瓜片，並放入冰水中浸泡30分鐘，去除多餘的澱粉質。
02 等到地瓜的澱粉質都溶解後，用棉布將水分吸乾，灑上麵包粉。
03 沾滿麵包粉的地瓜放入170度高溫的油鍋中，油炸至金黃酥脆。
04 萵苣、菊苣和橡樹葉撕成一口大小，放入冷水浸泡後撈出。
05 盤底鋪上蔬菜後放上地瓜脆片，最後淋上肉桂鮮奶油佐醬即完成。

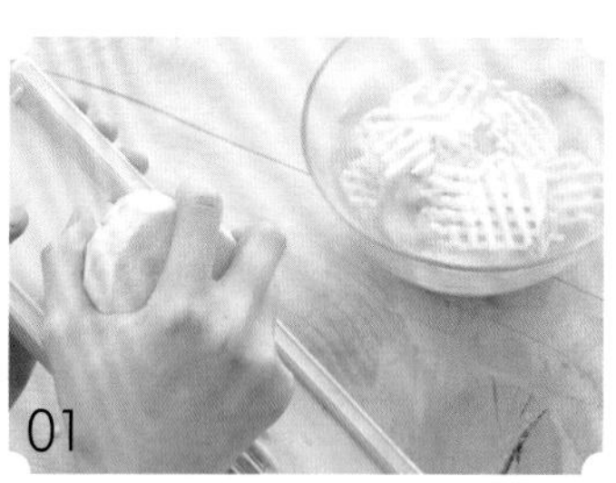

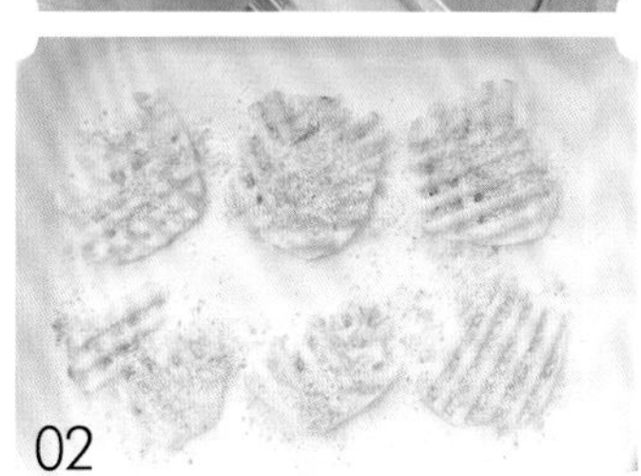

Cooking Point

- 地瓜和馬鈴薯因含有澱粉，料理前，需先將它們浸泡在冷水中，去除多餘的澱粉質，吃起來口感才會清爽。
- 若沒有可以刨出鬆餅形狀的刨絲器，也可以用一般的刨絲器，將地瓜刨成薄片後，酥炸即完成。

霜降牛肉沙拉

脂肪和蛋白質如同雪花一樣均勻分布在肉上，
因而取名叫作霜降牛肉。
霜降牛肉經常切成薄片烤來吃，
將它和萵苣、五穀飯糰和奇異果佐醬搭配在一起，
一道可以做為晚餐菜單的霜降牛肉沙拉就完成了。

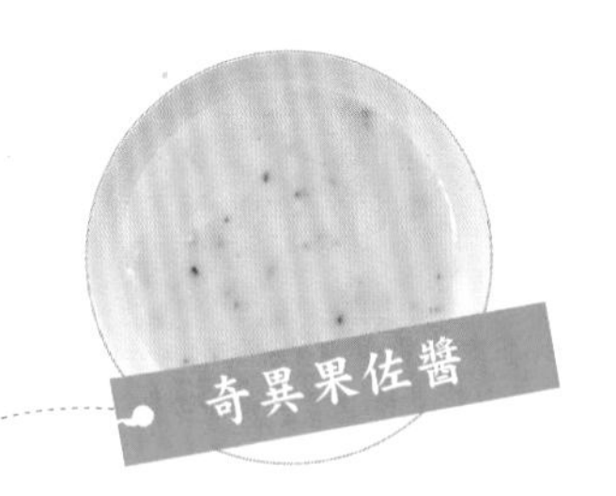

奇異果佐醬

奇異果 1 個、洋蔥 1/4 個、葡萄籽油 3 大匙、醋 2 大匙、砂糖 1 大匙、鹽 1 小匙

材料

霜降牛肉100g、
綠生菜50g、
紫生菜50g、
紫蘇葉10片、
洋蔥1/4個、
紅辣椒1/2個、
五穀飯2碗、
鹽少許、芝麻少許、麻油少許

調味料
醬油1小匙、
砂糖1小匙、
蒜末1小匙、
麻油1小匙、
胡椒少許

跟著這樣做

01 霜降牛肉調味醃漬後，一片一片放到熱平底鍋上煎烤。

02 綠生菜、紫生菜和紫蘇葉撕成一口大小，放入冷水浸泡後撈起。

03 洋蔥和紅辣椒切成4cm長的細絲，放入冷水浸泡後撈起。

04 佐醬材料中的奇異果和洋蔥切成丁狀，和其他佐醬材料一起放入攪拌機中均勻攪拌。

05 五穀飯和鹽、芝麻粒、麻油混合後，捏成手掌大小般的飯糰。

06 生菜、紫蘇葉、洋蔥和紅辣椒混合均勻鋪在盤底，放上霜降牛肉，淋上佐醬，最後搭配上五穀飯糰即完成。

01

05

Cooking Point

- 霜降牛肉厚度很薄，若沒有一張一張分開煎，牛肉會相互黏在一起，請務必一片片分開料理。
- 家中若有剩餘的冷飯，可以用微波爐加熱，或在平底鍋加入少許水後，加熱翻炒，即可使用。

河粉沙拉

將東南亞人愛吃的河粉酥炸，
做成一道具飽足感的沙拉料理，
就算直接當作一餐也絲毫不遜色。

材料

河粉(細)50g(1把)、
萵苣4張(250g)、
紫萵苣1張(60g)、
小黃瓜1/2個、
洋蔥1/4個、
菊苣少許、
花生碎末3大匙、
油炸用油適量

魚露沙拉佐醬

魚露 3 大匙、水 2 大匙、青陽辣椒末 1 大匙、紅辣椒末 1 大匙、砂糖 2 大匙、醋 2 大匙、檸檬汁 1 大匙

跟著這樣做

01 萵苣、紫萵苣、小黃瓜和洋蔥切成5cm的細絲，浸泡在水中後瀝乾。
02 油加熱至180度後，將河粉丟入酥炸，炸好後撈起，並將多餘的油脂瀝乾。
03 炸好的河粉擺在盤中，並放上蔬菜。
04 灑上花生碎末，並將沙拉佐醬的材料均勻混合淋上便完成。

Cooking Point

若油溫過低，河粉就不會膨脹。河粉丟入油鍋前，油溫一定要夠高，河粉才能被炸得酥脆。

鮭魚蘆筍沙拉

水果加熱過後，水果所含的水份會蒸發，
此時水果的甜味會變得更加明顯，
和微苦的蔬菜更是絕配。
如果家中沒有新鮮水果，
也可以利用果醬或柑橘醬代替，
輕輕鬆鬆即可完成水果佐醬。

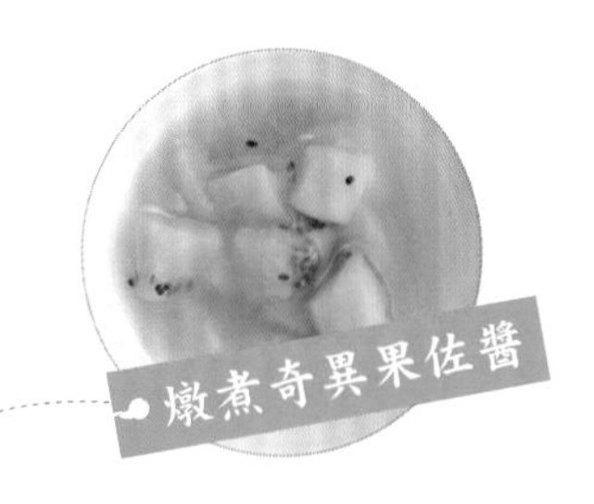

燉煮奇異果佐醬

黃金奇異果 1/2 個、綠奇異果 1/2 個、水 1/2 杯、醋 2 大匙、糖 1 大匙、檸檬汁 1 大匙、鹽 1 小匙

材料

鮭魚片1片(200g)、
蘆筍10根、
芝麻葉5顆(或菊苣5顆)、
洋蔥1/2個

調味料

白葡萄酒1大匙、鹽1大匙、胡椒1大匙、橄欖油1大匙

跟著這樣做

01 鮭魚切成適當大小後，用調味料稍稍醃漬。
02 將醃漬好的鮭魚放入熱鍋中，煎烤至金黃色。
03 佐醬材料中的黃金奇異果和綠奇異果切成1cm的丁狀，和佐醬的其他材料一起放入平底鍋中燉煮。
04 去除蘆筍的鱗芽和根部，放入滾水中汆燙。芝麻葉撕成適當大小，洋蔥切成細絲狀，放入冷水浸泡後瀝乾。
05 盤底鋪上蘆筍、洋蔥、芝麻葉，將鮭魚放在上面，最後淋下佐醬即完成。

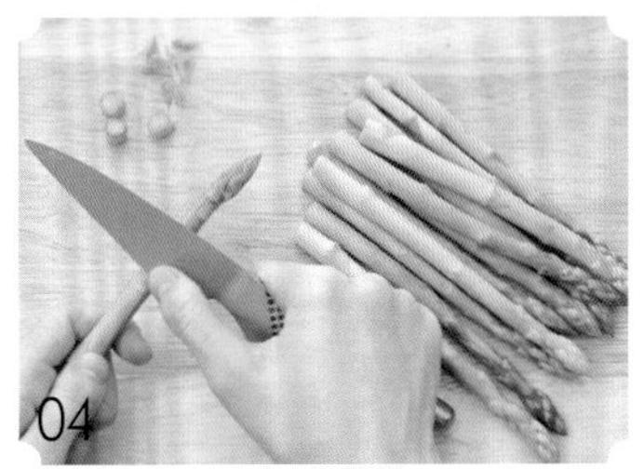

Cooking Point

- 鮭魚若用烤箱料理，烤箱先用200度預熱13分鐘後，再將鮭魚放入烤箱中。
- 佐醬使用中火燉煮，注意不要讓奇異果燒焦，才能燉煮出甜甜的佐醬。

越南紙米捲沙拉

將越南紙米捲短時間燙過，
並塗上甜辣花生佐醬，
此時吃起來的口感會有點像春捲，
一道營養滿分的沙拉立刻完成。
若想要品嘗具嗆辣口感的沙拉，
可以用唐辛子辣醬取代甜辣花生佐醬。

甜辣花生佐醬

甜辣醬 3 大匙、花生碎末 3 大匙、醋 2 大匙、橄欖油 1 大匙、香醋 1 小匙、蒜末 1 小匙

材料

雞胸肉1片(或是雞胸肉罐頭1個)、
綠豆芽菜1把半(200g)、
番茄1個、
豆苗菜1包(50g)、
越南紙米捲5張

跟著這樣做

01 雞胸肉汆燙後，撕成長條狀。
02 豆芽菜去頭去尾丟入滾水汆燙後，放在寬扁的盤子中放涼。
03 番茄用滾水汆燙剝去外皮，去除果肉後，切成5cm的長條。
04 豆苗放在濾網上，用水洗淨，並瀝乾多餘的水分。
05 越南紙米捲撕成一口大小，入滾水汆燙至軟嫩。
06 甜辣花生佐醬的材料混合均勻，撈出兩大匙至碗裡，和越南紙米捲一起拌勻。
07 沾有佐醬的紙米捲鋪在盤底，雞胸肉、豆芽菜、番茄和豆苗混合均勻呈盤，最後再將剩餘的佐醬淋上即完成。

02

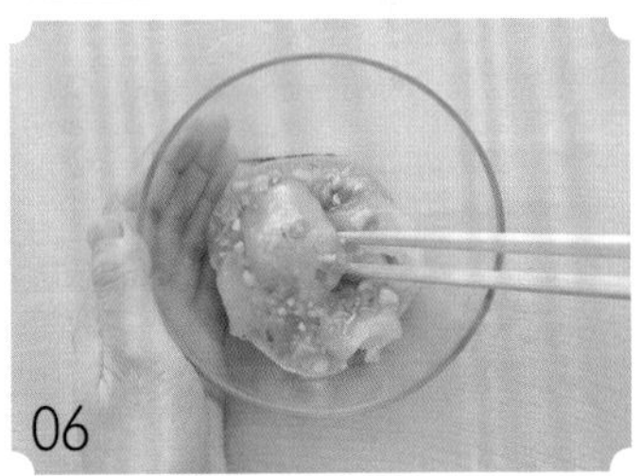
06

Cooking Point

紙米捲一定要先和佐醬拌勻，其他材料放入盤中時，才不會和紙米捲黏在一起，導致味道過淡。

番茄甜椒沙拉

番茄和甜椒烤過後會散發出特有的甜味，
搭配香氣十足的燉煮油醋醬，一道健康美味的沙拉就完成了。
此時再配上一杯咖啡和柔軟的法國吐司，一道美味的早餐馬上完成。

燉煮油醋醬

香醋 4 大匙、橄欖油 2 大匙、洋蔥末 2 大匙、檸檬汁 1 大匙、蒜末 1 小匙、鹽巴少許

材料

番茄1個、
紅椒1/2個、
黃椒1/2個、
青椒1/2個、
洋蔥1/4個、
橡樹葉4株(或菊苣4株)、
吐司兩片、
雞蛋1個、
牛奶2大匙、
鹽 · 橄欖油少許

跟著這樣做

01 番茄切成1cm左右的厚片，灑上少許鹽巴，放入有橄欖油的平底鍋中煎一煎。

02 甜椒切成寬2cm長4cm的條狀，灑上少許鹽巴，放入有橄欖油的平底鍋中煎一煎。

03 橡樹葉撕成易入口大小，放入冷水浸泡後撈起。

04 雞蛋、牛奶、鹽巴混合後調至成法國吐司的蛋液。吐司切成四等份吸取蛋液後，放入有橄欖油的平底鍋煎至金黃色，法式吐司就完成了。

05 在平底鍋中放入佐醬材料中的香醋，燉煮至剩下一半的量後關火，並將剩餘的佐醬材料一起混合均勻。

06 在盤中裝入步驟01-02-03的食材，淋上沙拉佐醬，最後再搭配上法式吐司即完成。

01

05

香蕉苜蓿芽沙拉

還未完全成熟的香蕉放入平底鍋中煎烤後，
香蕉會變得更加甘甜且柔軟，
適合搭配上微苦的蔬菜。
烤香蕉的柔軟口感，
和法式長棍麵包是絕配。

黑糖沙拉佐醬

黑糖 2 大匙、水 2 大匙、檸檬汁 2 大匙、胚芽油 1 大匙、奶油 1 大匙、鹽些許

材料

香蕉2條、
苜蓿芽2包(100g)、
花生粉2大匙、
法式長棍麵包1/3個

跟著這樣做

01 香蕉剝皮，切成1cm的厚片。苜蓿芽放在濾網上，用流動的水洗乾淨。

02 佐醬的材料放入平底鍋燉煮，待黑糖溶化後，再放上香蕉煎一煎。

03 法式長棍麵包切成1cm的厚片，放入平底鍋中乾煎。

04 將香蕉和苜蓿芽放到麵包上，2中所剩餘的佐醬和花生粉混合，最後淋到沙拉上即可。

Cooking Point

- 一定要等到黑糖全部融解後，再把香蕉放入平底鍋中，不然香蕉會因為黑糖黏在鍋底或變硬。
- 長棍麵包容易因為香蕉或苜蓿芽的水分而變軟，建議事先將麵包煎烤酥脆，維持口感。

番茄甜椒沙拉．香蕉苜蓿芽沙拉
所剩的材料可以做成

番茄甜椒果汁 & 香蕉花生牛奶

甜甜的香蕉花生牛奶推薦給小朋友，
含有豐富維他命對皮膚好的
番茄甜椒果汁則推薦給女性們！

番茄甜椒果汁

材料

番茄1個、黃椒1/2個、蜂蜜少許

跟著這樣做

01 番茄丟入滾水中汆燙，剝皮後切成塊狀。
02 甜椒洗淨後，去籽切成塊狀。
03 將切成塊狀的番茄和甜椒放入攪拌機中，加入冰水後啟動，最後根據個人喜好用蜂蜜調味。

香蕉花生牛奶

材料

香蕉1根、花生3大匙、牛奶1杯

跟著這樣做

01 香蕉剝皮切塊狀。
02 花生放入平底鍋中乾煎至金黃。
03 香蕉、花生、牛奶放入攪拌機中混合均勻。

熱帶水果義大利麵沙拉

水果酸酸甜甜的味道可以刺激食欲，並促進胃酸分泌有助消化。
但是，若空腹食用水果，會對胃部帶來負擔。
將水果搭配上富含碳水化合物的彩色義大利麵後，
即便空腹也可安心食用的水果沙拉就完成了。

優格沙拉佐醬

材料

彩色義大利麵
(螺旋麵或蝴蝶麵)1杯(60g)、
芒果1個、鳳梨片1片(30g)、
香蕉1個、綠奇異果1個、
洋蔥1/4個、石榴籽3大匙、
萵苣4片、菊苣3顆

優格沙拉佐醬
原味優格 1/2 杯、美乃滋 1 大匙、
砂糖 1 小匙、鹽巴 1 小匙、檸檬汁 1 小匙

跟著這樣做

01 烹煮義大利麵時，比包裝上標示的時間再多煮2分鐘，讓義大利麵口感變軟，煮好後放在濾網上瀝乾水分。
02 香蕉和奇異果剝掉外皮，按照水果的形狀切成圓片。
03 芒果切成1.5cm的塊狀，鳳梨和洋蔥切成2X3cm的扇形狀。
04 萵苣和菊苣撕成一口大小，放入冷水浸泡後撈起。
05 萵苣和菊苣鋪在盤底，水果、洋蔥、義大利麵和優格沙拉佐醬拌勻放入盤中，最後灑上石榴籽即完成。

Cooking Point

彩色義大利麵的烹煮時間要稍微長一點，冷吃義大利麵時，才不會覺得口感太硬。

豆腐蚵仔沙拉

豆腐煎至金黃色，
再放上香氣十足的蚵仔和韭菜，
小巧玲瓏容易食用，
是很多人喜愛的手指食物。
非蚵仔盛產季節時，
可以用雞肉或花枝代替。

黑芝麻佐醬

黑芝麻粉 2 大匙、海帶高湯 2 大匙、胚芽油 1 大匙、麻油 1 大匙、醬油 1 大匙、蒜末 1 大匙、鹽少許

材料

豆腐1塊、
細韭菜(矮韭)100g、
綠辣椒1個、
紅辣椒1個、
洋蔥1/4個、
食用油 · 鹽巴 · 胡椒少許

跟著這樣做

01 豆腐用棉布包起，利用砧板或盤子壓住豆腐，去除豆腐的水分。

02 充分去除水分後，將豆腐切成1cm的厚片，灑上鹽巴、胡椒調味。平底鍋倒入食用油，將豆腐煎至金黃色。

03 蚵仔用鹽水洗過，放入滾水中汆燙。

04 細韭菜洗淨切成4~5cm的長度，青辣椒、紅辣椒、洋蔥切成4cm的長度。

05 蚵仔、細韭菜、辣椒、洋蔥充分混合後，放在煎過的豆腐上面，最後淋上黑芝麻佐醬即完成。

Cooking Point

- 豆腐需充分去除水分後再煎烤，否則會容易碎掉或裂開。
- 蚵仔盛產季節時，也可直接生吃蚵仔，無須汆燙。

紫馬鈴薯火腿花椰菜沙拉

最近市面上有各種顏色的馬鈴薯，
紫心馬鈴薯、紅心馬鈴薯、黃心馬鈴薯…等，
都可以輕易取得，讓料理變得更多采多姿。
紫心馬鈴薯擁有豐富的抗癌成分-花青素！

材料

紫心馬鈴薯(中型)2個(300g)、
火腿100g、
花椰菜1/2顆、
洋蔥1/4顆、
萵苣2片、
鹽巴少許

芥末籽油醋醬
芥末籽醬1又1/2大匙、橄欖油3大匙、醋3大匙、蜂蜜1大匙、鹽1小匙、胡椒少許

跟著這樣做

01 紫心馬鈴薯連皮洗淨後蒸軟，將皮大致剝掉，切成1.5cm的丁狀。
02 萵苣撕成易入口大小，放入冷水浸泡後撈起。
03 花椰菜分成小塊，放入滾鹽水中汆燙後放涼。火腿也放入滾水中短暫汆燙，將不好的成份去除。
04 火腿和洋蔥切成1cm大小的丁狀，平底鍋加少許油後，將之翻炒至金黃色。
05 均勻混合芥末籽油醋醬的材料。
06 盤中鋪上萵苣後，將剩餘的食材拌勻後呈盤，最後淋上佐醬即完成。

01

04

Cooking Point

芥末籽醬(wholegrain mustard)是在一般的黃芥末醬(mustard)中加入一顆顆的芥末籽，所以能夠享受咀嚼的快感。若家中沒有芥末籽醬，也可用一般的黃芥末醬代替。

牛肉片綠沙拉

這是一道兼具肉類和蔬菜營養的沙拉。
如果平時您喜愛吃肉類，
請不要忘記多攝取富含纖維質的蔬菜，
可以幫助食物的吸收和排泄。

韓式醬油佐醬

醬油 3 大匙、砂糖 2 大匙、醋 2 大匙、檸檬汁 2 大匙、麻油 2 大匙、胚芽油 1 大匙、芝麻鹽 1 大匙、蒜末 2 小匙

材料

牛腩200g、
洋蔥1/2個、
青椒1/2個、
紅椒1/2個、
紅蘿蔔1/6、
蘿蔓生菜1株、
菊苣5~6株、
神仙草3株、
鹽．胡椒．食用油少許

跟著這樣做

01 牛肉去血水後，切成2cm左右的大小，用鹽巴和胡椒稍微醃漬一下。
02 洋蔥、紅蘿蔔、青椒切成1.5cm的四方形。
03 蘿蔓生菜、菊苣、神仙草撕成適當大小，浸泡冷水後撈起。
04 平底鍋加熱後，放入牛肉翻炒。
05 牛肉半熟時，加入洋蔥、紅蘿蔔、青椒、紅椒，然後放入一半的韓式醬油佐醬一起拌炒。
06 蘿蔓生菜、菊苣、神仙草混合均勻鋪在盤底，然後再放上牛肉，將剩餘的佐醬淋上即完成。

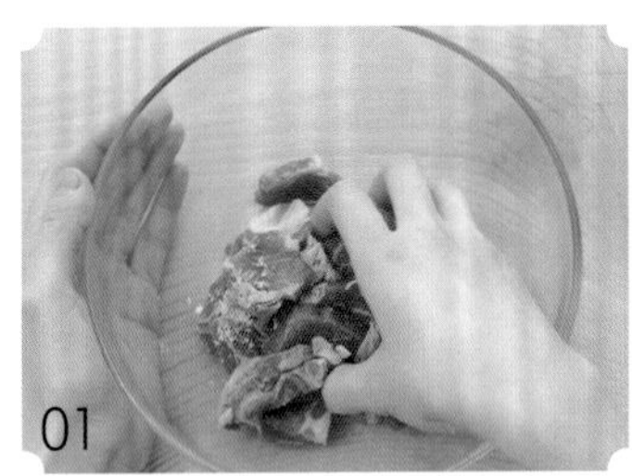
01

05

香菇散蛋沙拉

散蛋配上有咀嚼樂趣的菇類和蘆筍，
這是一道可以幫助您恢復疲勞的料理。
淋上能夠吃到胡椒顆粒的胡椒油醋醬，
刺激您早晨的食欲，
一道能夠補充元氣的沙拉就完成了。

胡椒油醋醬

胡椒粒 1 大匙、橄欖油 3 大匙、香醋 1 大匙、檸檬汁 1 大匙、蒜末 1 小匙、鹽少許

材料

香菇1個、
蘑菇2個、
真姬菇1把(50g)、
雞蛋2個、
牛奶3大匙、
蘆筍10根、
小番茄5個、
洋蔥1/4個、
鹽・食用油・胡椒少許

跟著這樣做

01 香菇、磨菇、真姬菇切成具有口感的大小，加入雞蛋、牛奶一起混合均勻，並用鹽巴和胡椒調味。
02 去除蘆筍的鱗芽和老化的根部，放入滾鹽水汆燙5分鐘，放涼切成3~4等份。
03 小番茄洗淨後，對半切開；洋蔥切絲。
04 平底鍋加熱後，倒入食用油。將1的材料倒入鍋中，用筷子拌炒，做出散蛋。
05 蘆筍、小番茄、洋蔥混合均勻呈盤，最後擺上散蛋，淋上胡椒油醋醬即完成。

01

04

Cooking Point

在蛋液還未熟透之前，用筷子均勻打散，即可炒出柔嫩口感的散蛋。

雞肉糙米沙拉

健康穀食糙米能享受到咀嚼的樂趣，
且糙米粒較不容易膨脹，
適合當做沙拉的食材。
Q彈的雞肉配上蠔油沙拉佐醬，
這是一道具有中華風味的沙拉。

蠔油沙拉佐醬

蠔油 1 大匙、水 2 大匙、醋 2 大匙、麻油 1 大匙、砂糖 1 大匙

材料

雞腿肉200g、
花生粒2大匙、
洋蔥1/4個、
糙米飯1碗、
萵苣5片、
菊苣3株、
食用油少許

調味料
醬油1小匙、綠豆粉1小匙、
乾辣椒1個切粗絲、蒜末1小匙、清酒1大匙

跟著這樣做

01 雞腿肉切成2.5cm左右的片狀，醃漬後靜置。
02 洋蔥切絲，萵苣和菊苣撕成一口大小，放入冷水浸泡後撈起。
03 平底鍋加熱，倒入食用油。醃漬過的雞腿肉放入鍋中煎一煎。
04 糙米和花生粒倒入煎過雞腿肉的鍋子，翻炒至飄出香味。
05 在盤中將蔬菜混合均勻，放上煎過的雞腿肉、糙米飯和花生粒，最後淋上蠔油沙拉佐醬即完成。

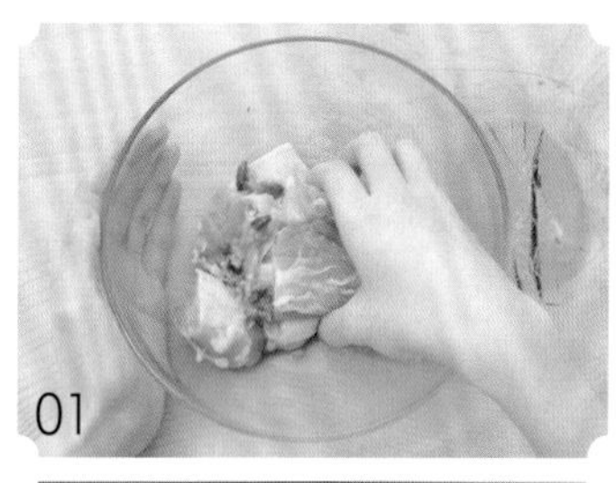

Cooking Point

- 雞腿肉醃漬後，可以去除腥味，並讓肉質柔軟。
- 將糙米放入煎過雞腿肉的鍋中拌炒，可讓糙米擁有雞肉的香味，風味更佳。要使用冷飯，才能炒出鬆軟適中的口感。

餃皮沙拉

餃子皮酥炸後，搭配上酸辣的莎莎醬。
將餃子皮炸成小碗的形狀，並放入配料，
是一道適合在派對場所享用的小點心。
酥脆的餃子皮配上酸甜的綜合豆，是人氣指數破表的料理。

莎莎醬

番茄 1 顆切丁、 洋蔥 1/4 個切丁、 青陽辣椒 1 根切丁、橄欖油 2 大匙、檸檬汁 1 大匙、醋 1 大匙、Tabasco 1 大匙、砂糖 1 大匙、鹽 1/2 小匙、胡椒少許

材料

綜合豆1杯、
雞尾蝦8隻、
小番茄5個、
黑橄欖5個、
罐頭玉米粒3大匙、
餃子皮(大張)10張、
油炸用油適量、
鹽巴少許

跟著這樣做

01 鍋中放入足夠的鹽水，綜合豆洗淨後汆燙並瀝乾。
02 雞尾酒蝦放入滾水中稍微燙過。
03 玉米粒放入滾水中稍微燙過，放在濾網上瀝乾。
04 小番茄和黑橄欖按照形狀切成薄片。
05 鍋內的油加熱至180度，餃子皮放在濾網上炸成碗狀。
06 莎莎醬的材料和步驟01-02-03-04的材料混合均勻，放入炸好的餃子碗中即完成。

01

05

Cooking Point

綜合豆用水燙過後，將會更加凸顯其甜味，即便是小朋友也能吃得津津有味。

墨西哥薄餅海鮮沙拉

墨西哥薄餅海鮮沙拉灑上起司放入烤箱烤一烤，
變身成美味的下酒菜和點心。

蒜頭羅勒佐醬

蒜頭 2 瓣、羅勒末 2 小匙、橄欖油 3 大匙、醋 2 大匙、香醋 1 大匙、鹽 1 小匙

材料

墨西哥薄餅(中)2張、
雞尾蝦8隻、
花枝1隻、
紅蛤10個、
帕馬森起司粉3大匙、
萵苣4片、
菊苣5株、
橘色小番茄5個、
洋蔥1/4個

跟著這樣做

01 墨西哥薄餅切成三角形，平底鍋塗上橄欖油後，將薄餅烤一烤。

02 雞尾蝦放入滾水中汆燙。花枝去除內臟，切成圓圈狀後，滾水汆燙。紅蛤煮至嘴巴打開。

03 萵苣和菊苣撕成一口大小，浸泡冷水後撈起。

04 橘色小番茄對半切開。洋蔥切成5cm長的細絲，放入冷水浸泡後撈起。

05 平底鍋倒入橄欖油，佐醬食材中的蒜頭切丁後炒一炒。炒好後，放在濾網中，將多餘的油脂瀝乾。

06 瀝乾蒜頭多餘的油脂後，將之和佐醬的其他材料混合均勻。

07 盤底放上烤好的墨西哥薄餅，蔬菜和海鮮混合均勻後呈上，最後灑上蒜頭蘿勒佐醬和帕馬森起司粉即完成。

01

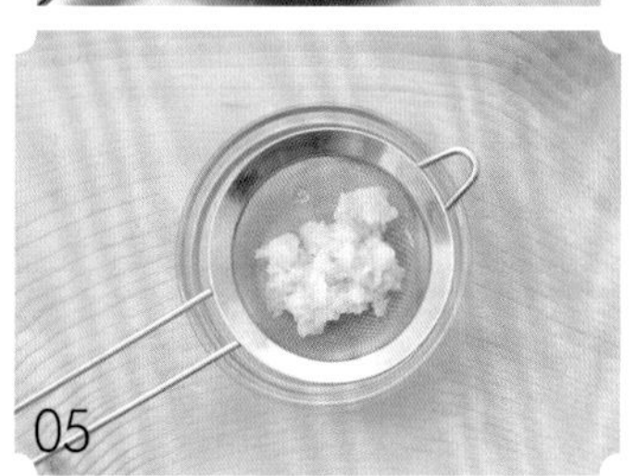
05

甘藷蘋果脆片沙拉

忙碌的早晨，不妨試試用現代人喜愛的玉米脆片，
製作成甘藷蘋果脆片沙拉吧！
將做好的沙拉裝在紙杯或便當盒中，
隨時隨地都可以享用這道沙拉。

材料

甘藷(中)2個(400g)、
蘋果1個、
玉米脆片5大匙

紅豆牛奶佐醬

甜紅豆 3 大匙、牛奶 2 大匙、胚芽油 1 大匙、鹽 1/2 小匙

跟著這樣做

01 甘藷連皮洗淨後蒸軟，切成1.5cm大小的塊狀。
02 蘋果連皮洗淨後去籽，切成1.5cm大小的塊狀。
03 紅豆牛奶佐醬的材料放入攪拌機，將之混合均勻。
04 甘藷和蘋果混合均勻後放入盤中，淋下佐醬並灑上玉米脆片。

Cooking Point

紅豆牛奶佐醬可以依照個人口味製作，喜歡有咀嚼口感的人，佐醬只要稍微攪拌即可；也可加入原味優格，製作成較稀的佐醬。

Health info >> 甘藷(地瓜)

甘藷含有豐富的纖維質，有助解決便秘。因為纖維質可增加腸內的固態物質，促進腸胃蠕動。縮短大便在體內停留的時間，將可有效預防大腸癌。另外，甘藷也富含維他命A和維他命E，可增強抵抗力並防止老化。

串烤沙拉

家中若有平常不愛吃蔬菜的人，
試著將蔬菜和他們喜愛的食材串在一起，
他們也會吃得津津有味。
再搭配上炒飯，
一道充滿BBQ風情的沙拉料理就完成了。

香草奶油佐醬

羅勒末 2 小匙、香芹末 1 小匙、洋蔥末 2 大匙、蒜頭末 1 小匙、奶油 3 大匙、檸檬汁 1 大匙、香醋 1 小匙、鹽 1 小匙

材料

小熱狗10個、
培根4片、
小番茄10個、
夏南瓜1/5個、
紅椒．黃椒各1/4個、
洋蔥1/4個、
蘿蔓生菜1株、
冷飯2碗、
橄欖油少許

跟著這樣做

01 小熱狗劃刀，放入滾水汆燙。培根也入滾水中，稍微汆燙後捲起。

02 夏南瓜切成1cm厚的半月型。甜椒去籽後切成一口大小，放入冷水浸泡後撈起。

03 小番茄對半切，洋蔥切成和甜椒一樣的大小，放入冷水浸泡後撈起。

04 平底鍋中放入香草奶油佐醬的材料，煮至奶油完全溶化為止。

05 將小熱狗、培根和蔬菜交替叉在牙籤上。

06 平底鍋中倒入少許橄欖油，將香草奶油醬塗在肉串上烤熟。

07 冷飯倒入烤完肉串的平底鍋中翻炒，最後再搭配上烤肉串一起食用即可。

04

07

柳橙煙燻鮭魚沙拉

鮭魚雖然能夠促進食慾，
但是因為它本身脂肪含量較多，
所以多少會讓人感到有點油膩。
此時只要搭配上清爽的柳橙或檸檬，
便可以去除鮭魚的腥味和油膩感，
一道食性相容的沙拉立刻完成。

材料

煙燻鮭魚片6片、
柳橙1個、
酸豆15~20粒、
菊苣少許、
洋蔥1/4個、
鹽・胡椒・檸檬汁少許

奶油乳酪佐醬

奶油乳酪 3 大匙、原味優格 2 大匙、檸檬汁 1 大匙、酸豆末 2 小匙、鹽 1 小匙、白胡椒少許

跟著這樣做

01 煙燻鮭魚灑上胡椒和檸檬汁後，放在廚房紙巾上吸取多餘的油脂。
02 柳橙剝皮後，將果肉一片一片取下。
03 拔掉酸豆上的硬梗，滾水加些許鹽巴，將酸豆燙過，再用冷水沖洗。
04 菊苣撕成一口大小，洋蔥切絲，放入冷水浸泡後撈起。
05 均勻混合奶油乳酪的材料，放入冰箱保存。
06 酸豆、菊苣、洋蔥混合均勻後鋪盤底，再擺上柳橙和鮭魚，最後淋上佐醬即完成。

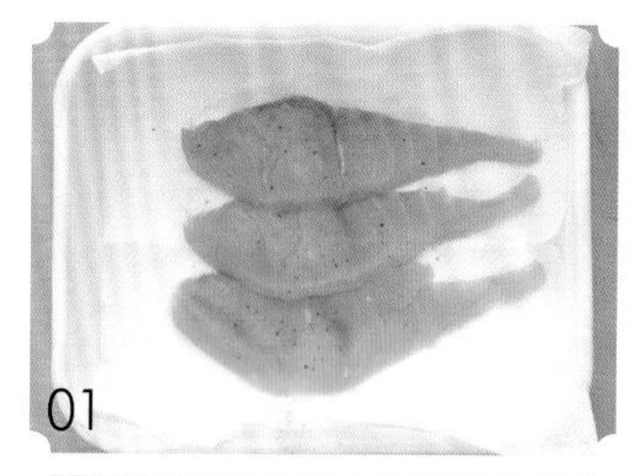
01

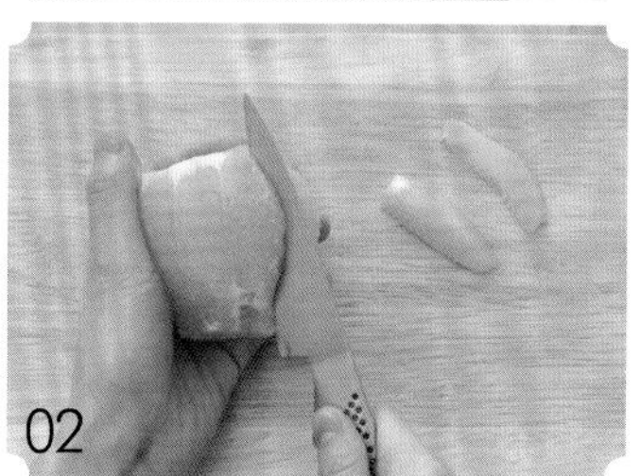
02

Cooking Point

- 煙燻鮭魚淋上檸檬汁，可讓肉質變得更加有彈性。
- 將柳橙果肉摘下後，柳橙剩餘的部分可以打成果汁或做成佐醬。

柳橙煙燻鮭魚沙拉
剩餘的材料可以做成

煙燻鮭魚貝果

貝果塗上柔軟的奶油乳酪醬，
此時再搭配一杯黑咖啡，
一頓紐約式的早餐就呈現在您眼前。
貝果再夾入煙燻鮭魚和少許的蔬菜，
馬上變身成一個豐盛的三明治。

貝果1個、煙燻鮭魚3片、萵苣1片、
菊苣少許、洋蔥1/4個、酸黃瓜2片、
鹽．胡椒．檸檬汁少許、
奶油乳酪佐醬2大匙

跟著這樣做

01 貝果對半切後，放入平底鍋乾煎。其中一面塗上奶油乳酪醬。

02 煙燻鮭魚上灑上鹽巴、胡椒和檸檬汁後靜置，接著再利用廚房紙巾按壓，吸取鮭魚上多餘的油脂。

03 萵苣和菊苣撕成適當大小，放入冷水浸泡後撈出。洋蔥和酸黃瓜片切成丁狀。

04 由下至上按照貝果(下半部)、萵苣、菊苣、洋蔥丁、酸黃瓜、煙燻鮭魚、貝果(上半部)的順序排好即完成。

馬鈴薯洋蔥飛魚卵沙拉

烤至金黃的馬鈴薯和顆粒分明的飛魚卵，
再搭配上酸酸甜甜的柳橙沙拉佐醬，
一道讓妳愛不釋口的手指沙拉就完成了。

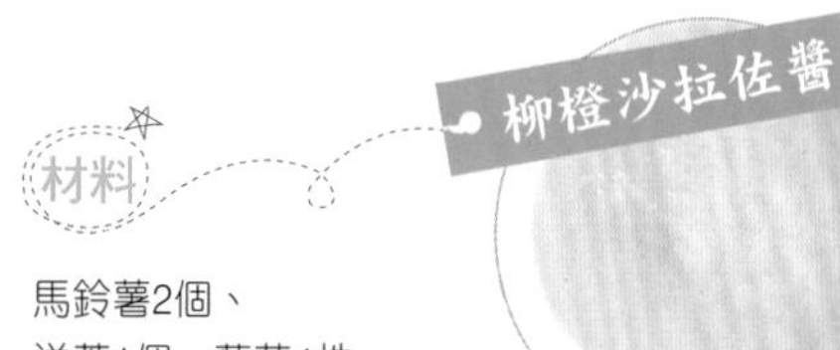

馬鈴薯2個、
洋蔥1個、菊苣4株、
羅薩生菜6株(或萵苣3片)、
飛魚卵3大匙、
鹽．胡椒．橄欖油少許

柳橙沙拉佐醬

柳橙 1/2 個、洋蔥 1/4 個、
橄欖油 3 大匙、醋 2 大匙、
砂糖 1 大匙、鹽 1 小匙

跟著這樣做

01 馬鈴薯連皮洗淨切成7mm的厚片，放入冷水中浸泡，去除澱粉質。

02 洋蔥切丁，灑上鹽巴。待洋蔥出水後，將水分完全擰乾。

03 菊苣和羅薩生菜撕成適當大小，放入冷水浸泡後撈起。

04 待步驟01的馬鈴薯澱粉質全部融解至水中後，用濾網將水分濾乾，並灑上鹽巴和胡椒調味。平底鍋中倒入橄欖油加熱，將馬鈴薯煎至金黃色。

05 佐醬材料中的柳橙去皮，並只使用果肉部分，柳橙和洋蔥切成塊狀後，和佐醬中的其他材料一起丟入攪拌機中混合均勻。

06 菊苣和羅薩沙拉放在烤好的馬鈴薯上，洋蔥末和飛魚卵和佐醬混合後，擺放在最上層。

輕鬆無負擔的一盤沙拉！

避免使用油類佐醬，利用低熱量食材做成的沙拉！

無負擔輕盈又窈窕的減肥沙拉

馬鈴薯番茄沙拉

馬鈴薯屬於鹼性的碳水化合物，
可以預防體質變成酸性。
搭配可以讓血液變乾淨且卡路里低的番茄，
此時不僅可以達到減肥的功效，
對於您的皮膚也很好。

材料

馬鈴薯2個、
小番茄20個、
鵪鶉蛋5個、
羅蔓生菜1株(或萵苣4片)

洋蔥鳳梨佐醬

洋蔥 1/4 個、鳳梨 1 片 (30g)、醋 2 大匙、橄欖油 1 大匙、檸檬汁 1 大匙、砂糖 1 小匙、鹽 1 小匙

跟著這樣做

01 馬鈴薯連皮洗淨後蒸熟，剝掉外皮後切成2cm大小的塊狀。
02 小番茄丟入滾水中汆燙去皮。
03 鵪鶉蛋蒸熟後去殼。
04 羅蔓生菜撕成一口大小，放入冷水浸泡後撈起。
05 佐醬中的洋蔥和鳳梨切成塊狀，和剩餘的材料一起丟入攪拌機中，均勻混合完成佐醬。
06 羅蔓生菜鋪在盤底，其餘材料和佐醬混合均勻後置入盤中。

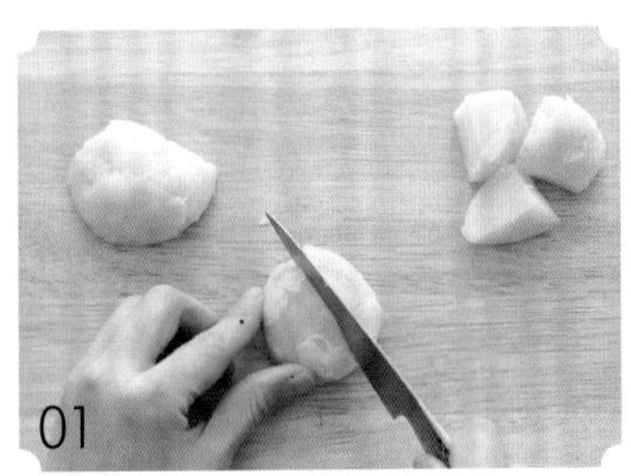
01

02

Cooking Point

- 蒸煮地瓜或馬鈴薯時，為了避免甜味流失，一定要記得連皮一起處理。
- 小番茄用滾水燙過後，放入冰水或冷水中浸泡過後，可以更簡單得去掉番茄皮。

蕎麥麵沙拉

減肥時，大部分的菜單都會限制麵粉類的攝取，
不過蕎麥麵富含膳食纖維和酵素，
所以可以當作減肥的替代食材。
搭配上富含礦物質和無機質的苜蓿芽的話，
還可以增加飽足感，
是一道輕盈無負擔的料理。

黑醋沙拉佐醬
黑醋 2 大匙、蘿蔔泥 3 大匙、醬油 2 大匙、麻油 1 大匙、砂糖 1 小匙

材料

蕎麥麵80g、
苜蓿芽2包(100g)、
萵苣2片、
烤海苔1/2片

跟著這樣做

01 蕎麥麵切成6cm長度，放入滾水中煮熟。水中充滿泡泡滾起時，加入冷水兩次，將蕎麥麵煮熟，最後再用冷水搓洗瀝乾。
02 苜蓿芽放在濾網中洗乾淨。萵苣撕成一口大小，放入冷水浸泡後撈起。
03 烤海苔用剪刀剪成4cm長的細條。
04 將黑醋沙拉佐醬的材料混合均勻。
05 萵苣和苜蓿芽鋪在盤底，蕎麥麵捲成一團後，灑上海苔條和佐醬即完成。

Cooking Point

蕎麥麵滾起時，加入冷水可以讓熱度直達麵心，讓麵整個熟透Q軟。

蒟蒻蓮藕沙拉

蒟蒻富含鈣質，
並能調解脂肪吸收，
是減肥食譜經常使用的食材。
清脆的蓮藕則能幫助身體排除掉老廢物質，
讓皮膚變得透明清亮。

材料

蒟蒻麵1杯(200g)、
蓮藕150g、
萵苣3片、
菊苣3~4株、
紅椒．黃椒各一個、
醋2小匙

胡麻沙拉佐醬
胡麻粉 2 大匙、胡麻油 1 大匙、醋 2 大匙、檸檬汁 1 大匙、砂糖 2 小匙、鹽 1/2 小匙

跟著這樣做

01 蒟蒻麵用滾水燙過後，放在濾網上瀝乾水分。
02 蓮藕去皮切成5mm的薄片，放入醋水中稍微浸泡後撈起。
03 萵苣和菊苣撕成一口大小，放入冷水中浸泡後瀝乾。
04 迷你甜椒洗淨後，按照形狀切成圓圈樣。
05 將胡麻沙拉佐醬的材料混合均勻。
06 蒟蒻、蓮藕、萵苣、菊苣、迷你甜椒放入碗中，淋上佐醬後混合均勻。

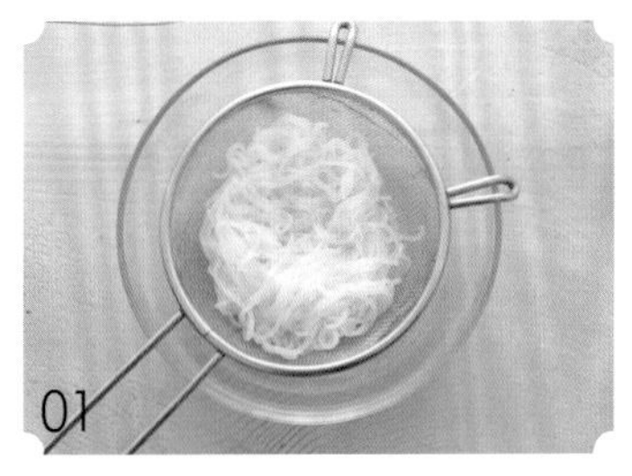
01

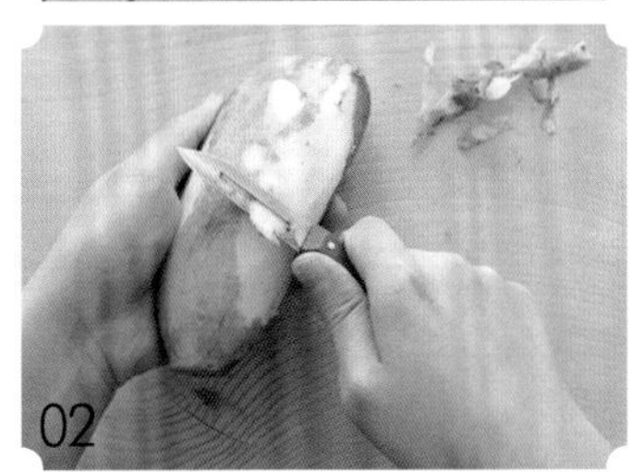
02

Health info >> 蒟蒻

蒟蒻是利用魔芋(蒟蒻芋)的粉末製成的鹼性食材，它不僅富含鈣質也擁有特殊的酵素，含有的酵素可以淨化腸胃，並調解脂肪的吸收。營養攝取過多時，蒟蒻會扮演調節營養吸收的角色。它也有助於清理腸胃中的宿便，刺激消化和吸收系統，並活化細胞達到解毒的功效。食用之前，先將蒟蒻稍微燙過，可以除去其特有的味道，蒟蒻沒有食用完畢的話，可以將之泡在冷水，放入冰箱冷藏保存。

蘋果萵苣石榴沙拉

減肥時，會攝取大量水果來補充水份。
但，水果中的果酸會造成胃壁的負擔，
建議搭配能夠保護胃部的萵苣一起食用。

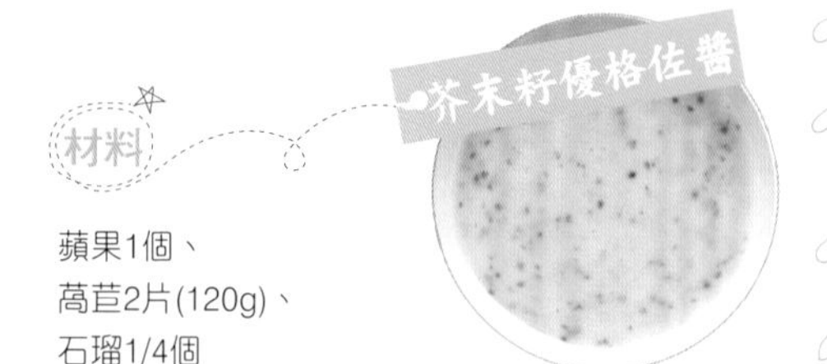

蘋果1個、
萵苣2片(120g)、
石瑠1/4個

芥末籽優格佐醬

芥末籽醬 1 大匙、原味優格 1/2 杯、
檸檬汁 1 大匙、蜂蜜 1 小匙、鹽 1/2 小匙

Health info >> 石榴

石榴富含維他命C，並含有鉀與鈣等成份。石榴也含有植物性雌激素，是女性美容的聖品，且有益健康。

跟著這樣做

01 蘋果連皮洗乾淨，切成長條薄片。
02 萵苣洗乾淨後，切成和蘋果一樣的大小。
03 石榴去皮後，將籽挖出備用。
04 將佐醬的材料均勻混合後，加入蘋果、萵苣、石榴拌勻即完成。

蒟蒻蓮藕沙拉和蘋果萵苣石榴沙拉
所剩的食材做成的

蓮藕優格果汁 & 萵苣石榴果汁

清爽好喝的萵苣石榴果汁
散發出石榴鮮紅的色澤，
而石榴本身所具備的甜味，
即使不加蜂蜜或代糖也很好喝，
是一杯輕盈無負擔的果汁。
若因減肥而有便秘困擾，
則可利用蓮藕優格果汁
幫助解決便秘問題。

蓮藕優格果汁

材料

蓮藕100g、原味優格(或水果優格1杯)、冰塊1/2杯

跟著這樣做

01 蓮藕去皮後，切成大塊。
02 在攪拌機中加入蓮藕、原味優格、冰塊均匀混合，即可飲用。

萵苣石榴果汁

材料

萵苣1片、石榴1/4個、冰塊1/2杯

跟著這樣做

01 萵苣洗淨後，切成大塊。
02 石榴剝皮後取出籽備用。
03 萵苣、石榴、冰塊放入攪拌機中混合倒出，用濾網過濾後，即可飲用。

糯米椒嫩豆腐沙拉

糯米椒的辣椒素成分能夠促進新陳代謝，
有助減肥，且其富含的維他命能夠強化免疫力。
搭配柔軟的嫩豆腐和生薑醬油佐醬，
一道輕盈無負擔的減肥沙拉就完成了。

材料

糯米椒2把(200g)、
番茄1個、
嫩豆腐1/2塊、
洋蔥1/4個

生薑醬油佐醬
生薑末1小匙、醬油3大匙、醋4大匙、砂糖2大匙、麻油1大匙、清酒1大匙、芝麻鹽1小匙、胡椒些許

跟著這樣做

01 糯米椒洗淨後，摘除蒂頭。放入蒸鍋中，5分鐘後將蓋子掀開，再用餘熱將之蒸透。
02 番茄放入滾水中汆燙後剝皮，切成1.5cm大小的塊狀。
03 嫩豆腐和洋蔥切成1cm大小的塊狀。
04 將生薑醬油佐醬材料混合均勻。
05 蒸熟的糯米椒與佐醬拌勻放入盤中，再依序放入豆腐、番茄和洋蔥，最後淋上佐醬即完成。

01

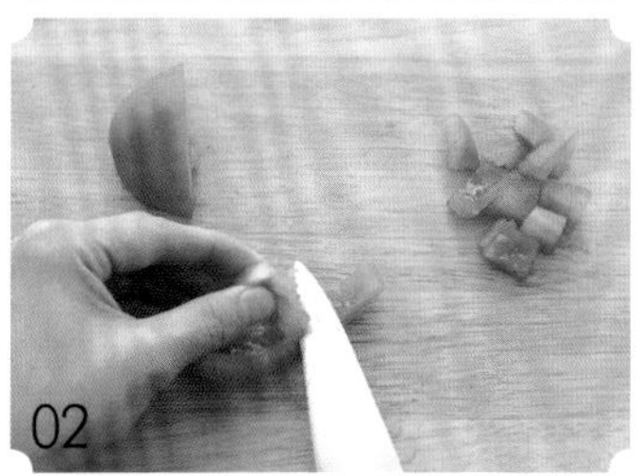
02

Cooking Point

糯米椒蒸太久，會變色且變軟，吃起來的口感就會不好。

雞胸肉酪梨沙拉

不論男女老少，若是開始減肥，
第一個想到的食物幾乎都是高蛋白質、低卡路里的雞胸肉。
口感較乾柴的雞胸肉搭配上酪梨，吃起來的口感將變得較柔嫩，
即使是雞胸肉也能美味享用。

石榴醋佐醬

石榴醋 3 大匙、洋蔥末 3 大匙、蒜末 1 小匙、鹽 1/2 小匙、砂糖少許

材料

雞胸肉2片(300g)、
酪梨1/4個、小黃瓜1/2個、
黃椒．紅椒各1/4個、
萵苣3張、
菊苣4株

跟著這樣做

01 雞胸肉燙嫩後，撕成適合入口的大小。
02 去除酪梨的籽並剝皮，按照酪梨的形狀，切成5mm左右的薄片。
03 小黃瓜和甜椒切成5cm長的細絲。
04 萵苣和菊苣撕成適合入口的大小，放入冷水浸泡後撈起。
05 雞胸肉、酪梨、小黃瓜、甜椒、萵苣和菊苣混合均勻放入盤中，最後擺上雞胸肉，並淋下石榴醋佐醬即完成。

01

02

Cooking Point

- 雞胸肉燙嫩，按照紋理撕成一條一條後，有助消化。
- 酪梨對半剖開，除掉酪梨籽。將皮去掉後，切成一片一片。

菠菜草莓核桃沙拉

因減肥和月經有貧血困擾的女性，以及正值成長期的小孩，
這兩種人應該多攝取富含鐵質的菠菜。
菠菜搭配上酸甜草莓和香氣十足的核桃，
一道富含各種營養成份的沙拉就完成了。

檸檬皮佐醬

檸檬皮碎末 1 大匙、檸檬汁 3 大匙、橄欖油 1 大匙、糖 1 大匙、鹽 1/2 小匙

材料

菠菜10株(200g)、
草莓1杯(150g)、
洋蔥1/4個、
核桃4粒、
橄欖油少許

跟著這樣做

01 菠菜洗乾淨備用，核桃放入滾水中氽燙後，切成粗顆粒。

02 草莓洗乾淨摘除蒂頭，切成2~4等份。洋蔥切成5cm長的細絲。

03 平底鍋倒入些許橄欖油，拌炒核桃。

04 菠菜和洋蔥放入炒過核桃的平底鍋，用大火快速翻炒。

05 將步驟04裝入盤中，並放上草莓，最後淋上沙拉佐醬即完成。

Cooking Point

- 處理菠菜時，先將菠菜根部切除，並分成一根一根。菠菜粉紅色的部分具甜味，因此請勿切掉。
- 用炒過核桃的鍋子炒菠菜和洋蔥，可讓蔬菜散發出核桃香。菠菜要快速拌炒，才能維持它清脆的口感。

納豆沙拉

同時食用納豆和蔬菜，能夠促進腸胃運動，
並預防便秘及老廢物質的堆積。
香甜的梨子則可以降低納豆特有的味道和黏稠度。

材料

納豆3大匙、
梨子1/2個、
菊苣10株、
烤海苔1/4張

芥末芝麻佐醬

較不辣的芥末醬 2 小匙、芝麻 2 大匙、海帶高湯 2 大匙、麻油 1 大匙、韓式湯醬油 2 小匙

跟著這樣做

01 將納豆從包裝中取出，並用筷子攪拌至產生絲狀的黏稠感。
02 梨子切成5cm的長條，菊苣撕成一口大小後，放入冰水中浸泡後撈出。
03 烤海苔用剪刀剪成4cm長的條狀。
04 將芥末芝麻佐醬的材料混合均勻。
05 梨子和菊苣混合均勻後裝入盤中，擺上納豆，最後淋上沙拉佐醬即完成。

Health info >> 納豆

納豆是利用未加味的豆子做成的發酵食品，它富含納豆菌(枯草桿菌)，對身體相當有益。納豆也能預防糖尿病和降低膽固醇，是一種能夠預防文明病的健康食品。納豆中所含有的納豆菌隨著黏稠度的增加，越能活化納豆菌的功效。因此，食用納豆之前，記得要用筷子充分攪拌。

炒洋蔥茄子沙拉

除了降低食物攝取量和限制卡路里的飲食控制法，
將身體累積的毒素排出，也是減肥時的一大重點。
洋蔥除了是代表性的解毒食材之外，還能淨化血管，
預防心血管疾病，是一種富含各種功效的卓越食材。

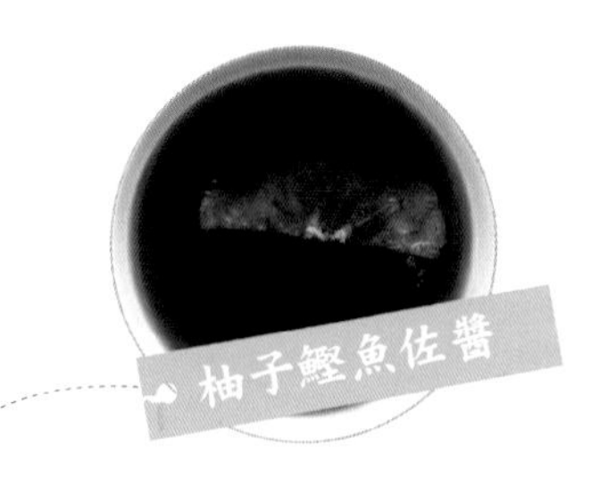

材料

洋蔥1個、
茄子1個、
食用油1大匙、
水2大匙、
鹽少許

柚子鰹魚佐醬

柚子醬 1 大匙、昆布鰹魚高湯 2 大匙、醬油 1 又 1/2 大匙、醋 1 大匙、檸檬汁 1 大匙、砂糖 1 小匙

跟著這樣做

01 洋蔥切成5cm的細絲。
02 茄子切成斜薄片，灑上鹽巴後稍微醃漬一下。
03 平底鍋倒入食用油加熱，將洋蔥炒至金黃色。
04 炒過洋蔥的平底鍋加入些許的水後，茄子放入鍋中拌炒。
05 熬煮昆布鰹魚高湯。在昆布高湯中，放入鰹魚熬煮，待鰹魚沉澱後，用濾網將鰹魚撈起。
06 昆布鰹魚高湯完成後，和佐醬中所有的材料混合在一起。佐醬完成後，將之淋到炒好的洋蔥和茄子上即可。

02

05

Cooking Point

鰹魚若煮太久，將會有苦味和腥味跑出來。因此鰹魚在放入昆布高湯5分鐘後，請立即用濾網撈起鰹魚。

香菇番茄菠菜沙拉

菇類每100克的卡路里低於10Kcal，是減肥食譜常用的食材。
菇類含有豐富的纖維質，所以能夠促進腸胃運動，
並阻斷多餘的營養成份累積體內。
因營養不均衡而缺乏鐵質，可用菠菜來補充營養，
達到營養均衡的目的。

香醋沙拉佐醬

香醋 2 大匙、橄欖油 1 大匙、蒜末 1 小匙、鹽 1/2 小匙、胡椒少許

材料

菠菜10株(200g)、
杏鮑菇1個、
香菇1個、
蘑菇2個、
番茄1/2個、
洋蔥1/4個

跟著這樣做

01 杏鮑菇、香菇、蘑菇切成適當大小，番茄切成6~8等份。
02 菠菜洗乾淨備用，洋蔥切成細絲。
03 平底鍋中放入少許水，拌炒洋蔥和菇類。
04 洋蔥和菇類變成金黃色後，放入菠菜和番茄，並加入香醋沙拉佐醬快速翻炒。

Cooking Point

洋蔥和菇類炒至金黃色，用大火將菠菜快速炒熟，才能品嘗到蔬菜清脆的口感。

草莓豆瓣菜沙拉

春天代表性的食材－草莓和豆瓣菜，
這兩項是營養和美味滿分的絕配食材。
搭配清爽口感的檸檬花生佐醬，
一道能夠輕鬆享用的早午餐沙拉就完成了。

材料

草莓200g(2杯)、
豆瓣菜1把(100g)、
洋蔥1/4個、
菊苣3株

檸檬花生佐醬

檸檬汁 3 大匙、檸檬皮碎末些許、花生粉 2 大匙、橄欖油 1 大匙、砂糖 1 大匙、鹽 1 小匙

跟著這樣做

01 草莓洗淨摘除蒂頭，切成2~4等份。
02 豆瓣菜洗乾淨後，處理成容易入口的大小。
03 洋蔥切絲，菊苣切成易入口的大小，浸泡冰水後撈起瀝乾。
04 將檸檬花生佐醬的材料混合均勻。
05 草莓、豆瓣菜、洋蔥和菊苣裝入碗中，淋上佐醬後混合均勻。

Cooking Point

草莓蒂頭要在草莓洗乾淨後再摘除，如此一來甜味才不會流失。

萵苣紅蘿蔔沙拉

炒過的萵苣和紅蘿蔔甜味倍增，且能夠促進脂溶性營養的吸收。
搭配上香味十足的日式芝麻味噌佐醬一起享用，
可以品嘗到萵苣和紅蘿蔔的另一種風味。

日式芝麻味噌佐醬

材料

萵苣4片、紅蘿蔔1/3個、洋蔥1/4個、昆布高湯2大匙、食用油2小匙

日式芝麻味噌佐醬

芝麻 2 大匙、日式味噌 1 大匙、海帶高湯 2 大匙、醋 2 大匙、麻油 1 大匙、砂糖 1 小匙

跟著這樣做

01 萵苣、紅蘿蔔、洋蔥切成5cm長的細絲。

02 日式芝麻味噌佐醬的材料放入攪拌機中，均勻混合完成佐醬。

03 昆布高湯和食用油倒入平底鍋，放入萵苣翻炒至酥脆。

04 萵苣熟透後，放入紅蘿蔔和洋蔥快速拌炒。

05 將炒過的蔬菜放入盤中，最後淋上佐醬即完成。

Cooking Point

炒蔬菜時，當蔬菜和食用油均勻混合後，此時加入少許的水(或高湯)拌炒，可以降低卡路里，並去除油膩的口感。

豬里肌蔬菜沙拉

豬里肌部位幾乎不含油脂，口感也相當柔軟，
是高蛋白質低卡路里的健康減肥食材。
芥末沙拉佐醬能夠提高體內的新陳代謝率，
促進營養的吸收和幫助排泄，和豬里肌蔬菜沙拉是絕配。

材料

豬里肌肉250g、
蘋果1/2個、鳳梨片1片、
洋蔥1/4個、維他命菜3株、
橡樹葉4株(或菊苣4株)、
蒜頭3瓣、洋蔥1/4個

芥末沙拉佐醬

較不辣的芥末 1 大匙、水 2 大匙、醋 2 大匙、
糖 1 小匙、鹽 1 小匙、麻油 1 小匙、
醬油些許

跟著這樣做

01 蘋果、鳳梨、洋蔥切成一口大小的扇形。
02 豬肉去血水，放入洋蔥和蒜頭一起煮軟。
03 維他命菜洗乾淨備用，橡樹葉切成適當大小後，放入冷水浸泡並撈出。
04 芥末沙拉佐醬材料中的芥末加水稀釋，再和佐醬的其他材料混合均勻。
05 蔬菜和水果混合均勻後裝盤，再將豬里肌肉切成薄片裝盤，最後淋下沙拉佐醬即完成。

Cooking Point

- 燙豬肉時，可以利用叉子戳肉塊，當沒有血水跑出來，且肉質產生彈性時，就代表豬肉已經熟透了。
- 芥末醬遇到砂糖和食用醋會變得較不易溶解，因此芥末醬對水的動作要第一個進行。

燒烤花枝沙拉

每天都吃生菜，即便弄得再好吃，還是會感到厭倦。
將經常吃到的平凡食材放到烤盤上，燒烤至金黃色。
蔬菜和花枝烤到稍稍印有烤肉架的痕跡，
將可幫助您把失去的食慾再次找回來。

材料

花枝1隻、
茄子1個、
嫩南瓜(或夏南瓜)1個、
紅椒．青椒各一個、
麻油2小匙、
鹽．胡椒少許

花枝醃漬醬
橄欖油1小匙、蒜末1小匙、
香醋1小匙、檸檬汁1小匙、
香芹粉．鹽．胡椒少許

東方沙拉佐醬
醋2大匙、洋蔥末2大匙、醬油1大匙、
麻油1大匙、香醋1小匙、蒜末1小匙、
胡椒．鹽少許

跟著這樣做

01 花枝在不切開的狀態下，拉住觸角將內臟拔出。
02 花枝洗乾淨，並劃上淺刀。吸乾水分後，倒入花枝醃漬醬靜置一會。
03 蔬菜切成大塊，加入麻油、鹽巴、胡椒輕輕攪拌。
04 平底鍋或烤肉架加熱後，放上花枝和蔬菜。
05 花枝烤好後剪成適當的大小，並和蔬菜一起擺入盤中，最後淋上東方沙拉佐醬即完成。

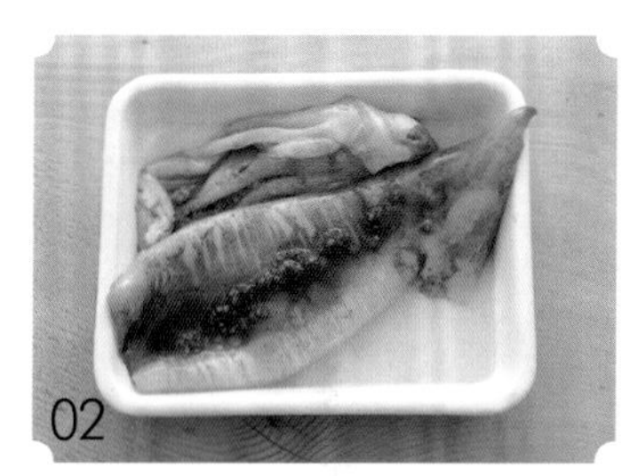

Cooking Point

- 事先將花枝醃漬過的話，即便烤很久，花枝也不易變老。且在吸收了醃漬醬料的鹹味後，即使沒有淋上很多沙拉佐醬，沙拉的味道也不會過淡。
- 平底鍋或烤肉架要先加熱完畢，再開始烤花枝或蔬菜。如此一來，食材的口感才不會走樣，且能夠封鎖住肉汁，口感將更加Q彈。

牛蒡芹菜沙拉

牛蒡除了富含食物纖維外，
更含有一種叫做菊糖（Inulin）的成份，
它能夠預防糖尿病和文明病。
牛蒡生吃時，會散發出一股甜味，
非常適合當做沙拉的食材。

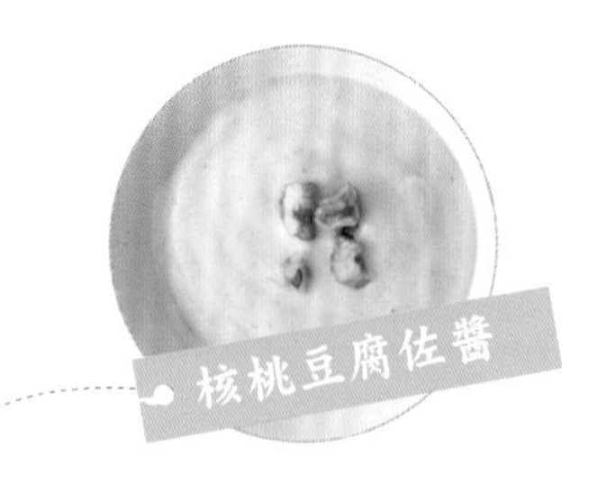

材料

牛蒡1根、
芹菜1根、
醋1大匙

核桃豆腐佐醬
核桃 3 粒、豆腐 1/4 塊、豆漿 1/2 杯、檸檬汁 3 大匙、砂糖 2 大匙、橄欖油 1 大匙、鹽 1 小匙

跟著這樣做

01 去掉牛蒡的外皮，像是削鉛筆一般，用小刀將牛蒡削成一根根的細條，泡在醋水中後撈起。

02 芹菜切成5cm的長條，去掉纖維質後切絲，浸泡在冰水中撈起。

03 核桃豆腐佐醬的材料放入攪拌機中打碎，勿將核桃全數打碎，維持佐醬的口感。

04 將牛蒡和芹菜放入盤中後，灑上佐醬後即完成。

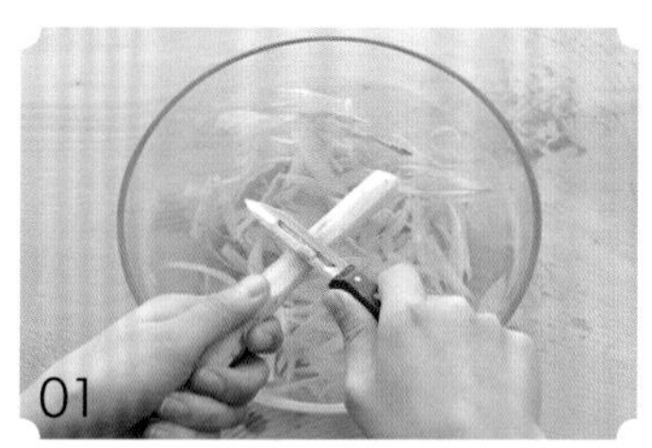
01

02

Cooking Point

- 像削鉛筆一樣削牛蒡絲，能夠維持牛蒡的纖維質，即便是生吃，也能感受到清脆的口感。
- 芹菜的纖維質用刀子稍微去除，切段食用可幫助消化，即便是生吃也不會有負擔。

松子山藥沙拉

檢視減肥菜單會發現，因為極度限制脂肪和蛋白質的攝取，
將有可能會造成營養不均衡、掉髮或皮膚乾燥等副作用。
松子山藥沙拉能夠讓粗糙的皮膚變細緻，
讓毛髮有光澤，並紓緩胃的不適感。

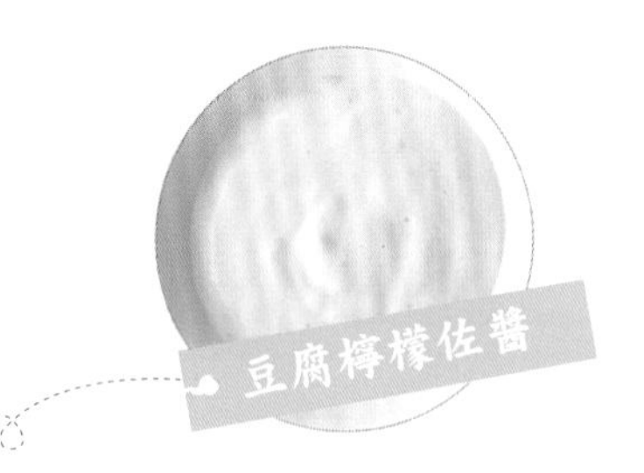

豆腐檸檬佐醬

豆腐1/4塊、豆漿1/2杯、檸檬汁3大匙、檸檬皮碎末1大匙、砂糖1大匙、橄欖油2小匙、鹽1/2小匙

材料

山藥100g、
小黃光1/4個、
萵苣4片、
菊苣5株、
松子1大匙、
醋2小匙

跟著這樣做

01 山藥剝皮後，切成5mm的薄片，放入醋水中浸泡後撈出。
02 小黃瓜和紅蘿蔔切成5mm的薄圓片，放入冰水中浸泡後撈出。
03 萵苣和菊苣撕成一口大小，放入冰水中浸泡後撈出。
04 松子放入平底鍋中乾煎至金黃。
05 佐醬材料中的豆腐用滾水燙過，豆腐切成塊狀後，和其他材料一起放入攪拌機中混合均勻。
06 山藥和其他蔬菜拌均勻放入盤中，淋上沙拉佐醬，最後灑上松子便完成。

Cooking Point

- 炒松子時，一定要把松子整粒都炒到金黃，如此一來才會散發出香味。
- 豆腐遇到酸性物質會結塊起疙瘩，所以製作佐醬時，建議用檸檬汁和檸檬皮代替醋。

番茄雞蛋蘿蔓沙拉

番茄和熟雞蛋搭配上炒洋蔥，
再淋上能夠增加甜味和口中滋味的炒洋蔥佐醬。
省去購買各種食材的麻煩事，
是一道能夠輕鬆製作的減肥沙拉。

材料

番茄1個、
雞蛋1個、
蘿蔓生菜1顆、
紫菊苣3株

炒洋蔥佐醬
洋蔥末 4 大匙、紅酒醋 2 大匙、橄欖油 1 大匙、水 1 大匙、香醋 1 小匙、鹽 1/2 小匙

跟著這樣做

01 番茄洗乾淨，切成5mm的片狀。
02 雞蛋煮熟後，切成5mm的片狀。
03 蘿蔓生菜和紫菊苣撕成一口大小，放入冷水浸泡後撈出。
04 佐醬中的橄欖油和水倒入平底鍋中，放入洋蔥末炒至金黃。
05 洋蔥炒至金黃後，加入佐醬中的其他材料並關火。
06 蘿蔓生菜和紫菊苣鋪在盤底，放上番茄和雞蛋，最後淋上沙拉佐醬

Cooking Point

洋蔥用中火慢慢翻炒至金黃色，將可以品嘗洋蔥的甜味。

番茄雞蛋蘿蔓沙拉剩餘的食材
做成的

早安蛋堡

熟雞蛋和炒洋蔥佐醬沒有用完的話，
可以用小餐包夾起來，
做成一口大小的三明治。
忙碌的早晨，
沒有時間準備豐盛早餐時，
用超省時的三明治
來墊墊全家人的胃吧！

五穀小餐包4個、雞蛋1個、番茄1/2個、萵苣2片、酸黃瓜末2大匙、橄欖油1匙、炒洋蔥佐醬

跟著這樣做

01 五穀小餐包對半剖開，放入有橄欖油的平底鍋中，煎烤至金黃色。
02 雞蛋煮至全熟，切成5mm的薄片。
03 番茄切成薄片。
04 萵苣撕成和小餐包差不多大小，夾入餐包並淋上烤洋蔥佐醬。最後再依序放上雞蛋、番茄、酸黃瓜即完成。

紫地瓜沙拉

比起一般的黃心地瓜，
紫地瓜所含的水分較少，
煮熟後吃起來的口感較為乾澀，
建議可以直接生吃或炸過，
吃起來會比黃心地瓜還要甜。

材料

紫心地瓜(中)1個、
蘋果1/2個、維他命菜2株

山藥梨子佐醬

山藥梨子佐醬

山藥 50g、梨 1/6 個、醋 2 大匙、檸檬汁 1 大匙、胚芽油 1 大匙、砂糖 1 小匙、鹽 1 小匙

跟著這樣做

01 紫心地瓜洗乾淨，切成5mm的半月形斜薄片。

02 蘋果連皮洗乾淨，先切成2~3等份，再切成和地瓜相同大小的新月型。

03 維他命菜洗乾淨後備用。

04 佐醬中的山藥和梨子去皮，切塊。和其他材料一起丟入攪拌機中混合均勻。

05 地瓜、蘋果、維他命菜混合均勻後呈盤，最後淋上沙拉醬即完成。

Health info >> 山藥

山藥富含多種營養成份，所以擁有「山中鰻魚」的美稱。山藥為鹼性食材，含有碳水化合物、蛋白質、鐵質、鈣質…等豐富的營養成分，特有的粘蛋白成分能夠幫助消化，保護胃腸。山藥和梨子混合在一起時，梨子的石細胞能夠去除山藥黏答答的口感，並增加佐醬的甜味，是讓人吃了會全身清涼的沙拉佐醬。

用沙拉將家裡的餐桌點綴成一片森林

適合搭配白飯和熱湯，可當成配菜的沙拉

餐桌的焦點！
韓式沙拉

小章魚野蒜沙拉

富含牛磺酸且口感Q彈的小章魚
搭配上爽脆香甜帶點嗆味的蒜苗，
馬上就變成一盤十分下飯的沙拉

材料

小章魚1尾、
蒜苗一把(100g)、
小黃瓜1/2個、
洋蔥1/4個、
紅辣椒1/2個、
麵粉適量

槍魚露佐醬
槍魚露2大匙、水2大匙、辣椒1大匙、芝麻鹽1大匙、麻油1大匙、砂糖1大匙、蒜末2小匙

跟著這樣做

01 清除小章魚的內臟，用麵粉搓洗章魚。章魚丟入滾水中燙熟，切成5cm長的大小。
02 蒜苗洗淨後，切成5公分長。小黃瓜、洋蔥、紅辣椒切成4公分長的細絲。
03 槍魚露佐醬的材料混合均勻備用。
04 小章魚、蒜苗、小黃瓜、洋蔥、紅辣椒混合均勻後，淋上佐醬即完成。

Cooking Point

新鮮章魚用鹽巴搓洗乾淨，冷凍章魚用麵粉搓洗乾淨。如此一來，章魚才不會黏答答，且能把吸盤上附著的寄生蟲或泥巴洗乾淨。

炙鮪魚沙拉

日本料理中，有一種叫做炙燒的料理方式，
所謂的炙燒，指的就是將表皮稍微烤熟。
即使沒有昂貴的新鮮鮪魚，利用罐頭鮪魚，
也能作出具有特色的炙燒沙拉。

材料

方形鮪魚罐頭1個
(或普通的鮪魚罐頭[小]1個)、
杏鮑菇2個、
磨菇4個、
香菇2個、
洋蔥1/4個、
萵苣4片、
菊苣3片、
小番茄5個

醃料
橄欖油．鹽．胡椒少許

松子紅酒油醋醬
烤過的松子壓碎1大匙、紅酒醋2大匙、橄欖油2大匙、香醋1小匙、鹽1小匙、胡椒少許

跟著這樣做

01 將鮪魚罐頭不必要的油脂用濾網過濾掉。鮪魚與醃料調味後，放入平底鍋中煎至金黃色。(若是使用一般的鮪魚罐頭，將鮪魚稍微拌炒過即可)。

02 杏鮑菇切成半月形的片狀，磨菇和香菇切成4~6等份，洋蔥切成粗丁狀。

03 萵苣和菊苣撕成一口大小，放入冷水中浸泡後撈起瀝乾。小番茄對半切成2等份。

04 利用煎過鮪魚的平底鍋，將香菇和洋蔥拌炒至金黃色。

05 松子紅酒油醋醬的材料混合均勻備用。

06 萵苣、菊苣、小番茄和洋蔥放入盤中，接著放入香菇和鮪魚，最後淋上佐醬。

Cooking Point

- 稍微煎過的鮪魚會有類似煙燻鮪魚的口感，也可藉此去除腥味。
- 煎過鮪魚的平底鍋有著鮪魚的香味，此時再利用此平底鍋炒香菇的話，可以讓兩個食材的味道融合在一起。

豬里肌豆芽沙拉

豬里肌肉、豆芽菜、醋辣醬
都是家常小菜中經常使用的食材。
只要將這些材料加在一起，
一道讓人食指大動的沙拉就完成了。

果香醋辣醬

奇異果碎末3大匙、辣椒3大匙、醋3大匙、海帶高湯1大匙、糖1小匙、芝麻鹽2小匙、麻油2小匙、蒜末1小匙

材料

豬里肌肉300g、
豆芽菜300g、
大蔥1根、
小黃瓜1/2個、
洋蔥1/4個、
紅蘿蔔1/6個、
鹽少許

調味
蒜頭3瓣、洋蔥1/4個

跟著這樣做

01 豬肉先去血水。鍋子裝入足夠的水量，豬肉和調味材料放入鍋中煮熟後，撈出放涼。
02 豆芽去頭去尾，放入鹽水中煮，水量跟豆芽菜的高度相同。蓋上蓋子煮熟後，快速撈起鋪平放涼。
03 大蔥、小黃瓜、洋蔥、紅蘿蔔切成5公分長的細絲，放入冷水中浸泡後撈起瀝乾。
04 果香醋辣醬的材料混合均勻後備用。
05 豆芽菜、大蔥、小黃瓜、洋蔥、紅蘿蔔和沙拉佐醬混合均勻後呈盤，蔬菜上面擺放豬里肌肉，將剩餘的佐醬淋上即完成。

01

02

Cooking Point

汆燙食材時，若一開始沒有蓋上蓋子，中途就不要蓋上蓋子；反之，若一開始蓋著蓋子的話，就不要在途中打開蓋子，這樣才不會有腥味。豆芽菜燙熟後，請立刻浸泡在冷水中，然後在大盤子上鋪平放涼。

炸蒜頭綠沙拉

在單調的綠色沙拉中，
加入香味十足且口感酥脆的炸蒜頭片，
將變成一道具有口感的特色沙拉料理。
淋上和蒜頭很搭的柚子水蔘佐醬，
對家人的健康也有幫助。

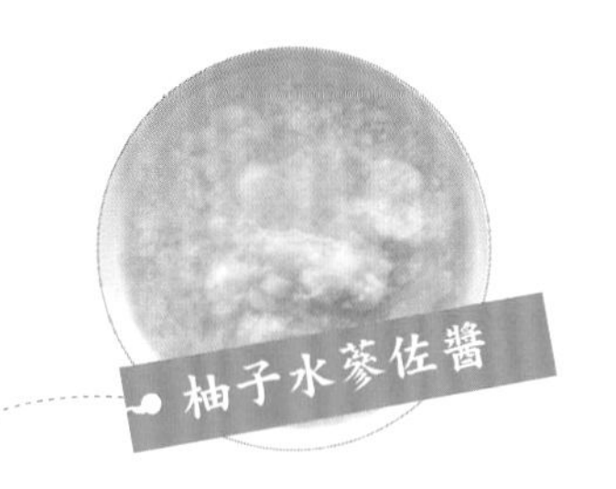

材料

蒜頭10瓣、
蘿蔓生菜(大)1株、
芥菜5片、
紅洋蔥1/4個、
黑橄欖4個、
油炸用油適量

柚子水蔘佐醬

水蔘1個、柚子清醬2大匙、醋2大匙、水2大匙、檸檬汁1大匙、鹽．砂糖各1小匙

跟著這樣做

01 按照蒜頭的形狀切成薄片，油加溫到180度C，將蒜頭薄片炸至金黃色。

02 蘿蔓生菜和芥菜葉撕成適合入口的大小，放入冷水中浸泡後撈出瀝乾。

03 紅洋蔥切成細絲，放入冷水中浸泡後撈起瀝乾。黑橄欖按形狀切成薄片，用滾水稍微汆燙。

04 將水蔘洗乾淨切成塊狀，和佐醬的其他食材一起放入攪拌機中混合均勻備用。

05 蔬菜和黑橄欖混合均勻呈盤，淋上沙拉佐醬，最後再將炸蒜頭片漂亮地擺在最上頭。

03

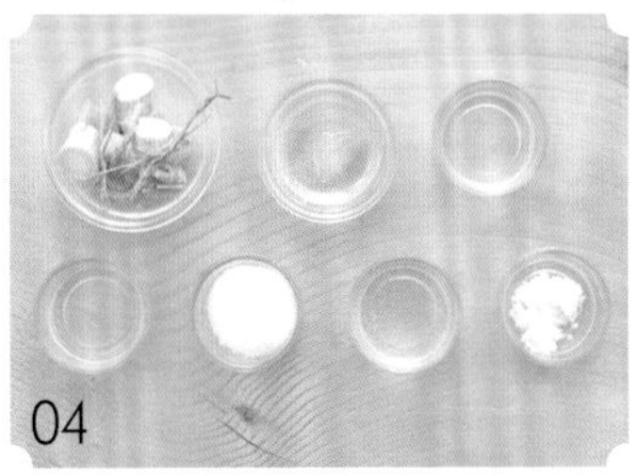
04

Cooking Point

- 炸蒜頭時，如果油溫過高，蒜頭片會容易燒焦。因此請用中火慢慢將蒜頭片炸至金黃色。
- 如果要凸顯水蔘的香味，製作佐醬時，不要將水蔘的外皮和根部丟掉。

蟹肉沙拉

酪梨沙拉佐醬的口感溫潤，
能夠讓單調的沙拉口感變得更加豐富。
汆燙過的蟹肉除了能增加沙拉的色彩，
還能刺激食欲。

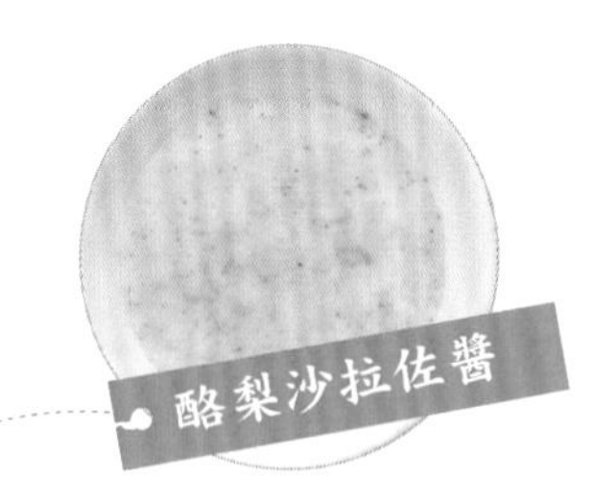

材料

萵苣5片、
菊苣5株、
小黃瓜1個、
洋蔥1/4個、
紅蘿蔔1/4個、
蟹肉棒4個

酪梨沙拉佐醬

酪梨 1/2 個、洋蔥 1/4 個、醋 3 大匙、檸檬汁 2 大匙、砂糖 2 大匙、鹽 1 小匙、胡椒少許

跟著這樣做

01 萵苣和菊苣撕成一口大小，浸泡冷水後撈出瀝乾。
02 小黃瓜、洋蔥、紅蘿蔔切成5公分的細絲，放入冷水中浸泡後撈起瀝乾。
03 蟹肉棒放入滾水中燙熟，用手撕成一絲一絲。
04 酪梨和洋蔥切成塊狀，和其他材料放入攪拌機中混合均勻。
05 將蔬菜混合均勻呈盤，擺上蟹肉絲，最後淋上沙拉醬。

03

04

Cooking Point

- 用熱水將蟹肉棒或魚丸類的食材燙過，可以把不好的成份去掉。
- 酪梨本身就含有豐富油脂，所以佐醬中不必加油類。

辣淡菜沙拉

淡菜煮熟後和白菜拌勻，
最後淋上美味的唐辛子酸辣醬，
一道美味的菜餚即完成。
不管是作為餐桌小菜，
或是下酒菜都相當適合。

材料

淡菜6杯(400g)、
白菜心10根(300g)、
洋蔥1/4個、
紅蘿蔔1/6個、
月桂樹葉1片

唐辛子酸辣醬

辣椒醬2大匙、蒜末2小匙、紅辣椒末2小匙、綠辣椒2小匙、橄欖油3大匙、檸檬汁3大匙、砂糖1小匙、鹽少許

跟著這樣做

01 淡菜放入鍋中後，倒入開水，水的高度要蓋過淡菜。將淡菜和月桂樹葉一起燙熟。
02 白菜、洋蔥、紅蘿蔔切成6公分長的細絲。
03 唐辛子酸辣醬的材料混合均勻後備用。
04 加入一半的唐辛子酸辣醬和燙熟的淡菜拌均勻。
05 蔬菜類混合均勻後裝入盤中，放上淡菜，最後淋下佐醬即完成。

Cooking Point

汆燙淡菜之前，需先將淡菜上殘留的毛髮和異物質去除乾淨。放入香草或大蒜等香辛類植物一起汆燙的話，可以去除淡菜的腥味。如果家中沒有月桂葉的話，可以用洋蔥或是大蒜代替。

烤肉蒜苗沙拉

清脆爽口的蒜苗搭配上鮮嫩多汁的烤肉片，
便成為一道兼具營養與美味的沙拉。
平常吃烤肉的時候，
也可以搭配蒜苗和味噌佐醬一起食用。

材料

豬肉薄片200g、
蒜苗300g、
洋蔥1/2個、
鹽少許

醃料
味噌2大匙、蒜末1小匙、砂糖1小匙、芝麻鹽1小匙、麻油2小匙

日式味噌佐醬
日式味噌 2 大匙、海帶高湯 3 大匙、醋 2 大匙、麻油 2 大匙、芝麻鹽 1 大匙、砂糖 1 大匙

跟著這樣做

01 豬肉薄片鋪平後，塗上醃料，醃漬靜置20分鐘。平底鍋加熱後，放入肉片煎至金黃色。
02 蒜苗切成7~8公分長，放入鹽水中稍微汆燙。
03 洋蔥切成5公分長，放入冷水浸泡後撈起。
04 日式味噌佐醬的材料混合均勻。
05 蒜苗和洋蔥在盤中混合均勻，上頭擺放豬肉片，最後淋下沙拉佐醬即完成。

01

02

Cooking Point

- 肉片醃漬後，可以去除肉片的腥味，並讓肉質變柔軟。
- 早春產的蒜苗可以直接食用，即使沒有燙過，也不會有刺激的辣味。

烤雞萵苣沙拉

利用蒜末增添雞肉風味，
並用清酒去除腥味，
一道可以作為配菜的沙拉就完成了。

蜂蜜蒜頭佐醬

蜂蜜 1 大匙、蒜末 2 大匙、醋 2 大匙、醬油 2 大匙、檸檬汁 1 大匙

材料

雞腿2隻、
萵苣5片、
菊苣4株、
洋蔥1/4個、
紅蘿蔔1/5個、
綠・紅辣椒各1個、
麵包粉・食用油適量

醃料

蒜末1大匙、清酒1大匙

跟著這樣做

01 雞腿肉切開塗上醃料，靜置一段時間後，將蒜末抖掉，均勻地抹上麵包粉。
02 萵苣和菊苣撕成一口大小，放入冷水浸泡後撈出瀝乾。
03 洋蔥、紅蘿蔔、綠・紅辣椒切成4~5公分的細絲。
04 平底鍋加熱後，倒入足夠的食用油。將均勻沾滿麵包粉的雞肉放入鍋中煎至金黃色，並切成一口大小。
05 萵苣和其他蔬菜放入盤中，最後放上雞肉，淋入佐醬即完成。

01

04

Cooking Point

記得先將雞肉上的蒜末拍掉再沾裹麵包粉，雞肉才不會容易焦掉。

明太魚水芹沙拉

水芹有助於恢復疲勞，
明太魚乾則是富含營養。
明太魚乾柔軟的口感和水芹的清脆口感可說是天下絕配。

材料

明太魚乾1把(70g)、
水芹1把(100g)、
洋蔥1/4個、
紅辣椒1/2個

黑芝麻醋辣佐醬

黑芝麻 1 大匙、辣椒醬 2 大匙、辣椒粉 1 大匙、醋 2 大匙、檸檬汁 1 大匙、麻油 1 大匙、糖 1 大匙

跟著這樣做

01 用流動的水把明太魚乾快速洗淨，接著放入碗中用保鮮膜或濕布蓋著，等到明太魚乾變軟後，撕成一口大小。
02 水芹選取嫩的部分，切成3~4公分的細絲。
03 洋蔥和紅辣椒切成和水芹相同的長度(3~4公分)。
04 碗中放入明太魚乾和黑芝麻醋辣佐醬混合均勻，最後放入蔬菜整個拌勻。

Cooking Point

- 明太魚乾直接使用的話，將不容易吸取佐醬，且吃起來會很乾澀，所以要先泡軟後再使用。若直接將明太魚乾泡在水中，明太魚乾特有的香味會隨著水份流失，因此將明太魚乾快速的清洗後，用棉布或是保鮮膜包起即可。
- 先將明太魚乾和佐醬混合均勻，最後再放入水芹，這樣水芹才不會變得過軟。

垂盆草赤貝沙拉

春天盛產的赤貝，
搭配上橙香四溢的蒜味油醋醬，
一道幫助您解決春睏症問題的沙拉就完成了。

材料

垂盆草2把(200g)、
赤貝1又1/2杯(200g)、
小黃瓜1/2個、
洋蔥1/4個、
青陽辣椒1個、
豆苗少許

橙香蒜味油醋醬
柳橙皮碎末1大匙、蒜末1大匙、醬油2大匙、海帶高湯2大匙、檸檬汁2大匙、砂糖1大匙

跟著這樣做

01 赤貝洗乾淨後，用鹽水燙熟。挖出貝肉，放在濾網上沖洗。
02 垂盆草放在濾網上，用流動的水洗乾淨，並撕成適合入口的大小。
03 小黃瓜和洋蔥切成4公分的細絲。青陽辣椒切片，豆苗僅使用根部。
04 將橙香蒜味油醋醬的材料混合均勻備用。
05 碗中放入赤貝、垂盆草、小黃瓜、洋蔥、青陽辣椒、豆苗混合均勻，最後淋上佐醬即完成。

01

02

Cooking Point

- 赤貝汆燙開口後，殼內可能會有淤泥殘留，因此要再用水洗乾淨。
- 垂盆草質地脆弱，所以不宜洗太久或是洗得太用力。如果垂盆草破掉的話，會產生草味，因此請放在濾網上輕輕地洗淨即可。

利用明太魚水芹沙拉．垂盆草
赤貝沙拉剩餘的材料所做成的

水芹蘋果汁＆垂盆草鳳梨果汁

具有卓越解毒效果的水芹和垂盆草，
由於強烈的苦味
讓不少人將它們列為拒絕往來戶。
只要搭配上具甜味的鳳梨和蘋果，
一杯健康且具解毒功效
的果汁就完成了。

水芹蘋果汁

材料

水芹半把(50g)、蘋果1個、小塊的冰塊1/2杯、蜂蜜少許

跟著這樣做

01 水芹洗淨後，切成3公分長。
02 蘋果洗淨後，切成8等份。
03 水芹、蘋果、冰塊、蜂蜜一起放入攪拌機混合均勻。

垂盆草鳳梨果汁

材料

垂盆草半把(50g)、鳳梨1片(30g)、冰塊1/2杯

跟著這樣做

01 將垂盆草清洗乾淨。
02 鳳梨切成塊狀。
03 垂盆草、鳳梨、冰塊一起放入攪拌機混合均勻。

章魚海藻沙拉

Q彈鮮嫩的章魚和海味十足的海草，
搭配上檸檬辣椒佐醬，
一道具有特色風味的韓式沙拉料理便完成了。

檸檬辣椒佐醬

材料

冷凍熟成章魚腳(大)2隻(200g)、
鹽味綜合海草2把(250g)、
菊苣4株

檸檬辣椒佐醬

檸檬皮蒜末 2 小匙、青陽辣椒 2 小匙、
醬油 2 大匙、海帶高湯 2 大匙、
檸檬汁 2 大匙、砂糖 1 大匙

跟著這樣做

01 章魚腳解凍後，用滾水中汆燙，切成一口大小的斜片。

02 用水把綜合海草鹽份洗乾淨，切成一口大小後，用滾水汆燙。菊苣撕成一口大小，浸泡冷水後瀝乾。

03 檸檬辣椒佐醬混合均勻後備用。

04 綜合海草、章魚、菊苣混合均勻呈入盤中，最後淋上沙拉醬即完成。

Cooking Point

冷凍熟成章魚雖然已煮熟，但還是建議再用滾水稍稍燙過，如此一來章魚的口感會變得更柔軟，且可以去除部分雜質。

甜蝦香菇沙拉

具嚼勁的香菇和彈牙的蝦子淋上香醋枸櫞佐醬，
一道適合搭配西式料理的沙拉就完成了。

香醋枸櫞佐醬

香醋 2 大匙、檸檬汁 2 大匙、檸檬皮碎末 2 小匙、糖 2 小匙、鹽・胡椒少許

材料

杏鮑菇1個、
香菇2個、
鴻喜菇1把、
雞尾蝦8隻、
洋蔥1/2個、
萵苣5片、
橄欖油3大匙、
鹽・胡椒少許

跟著這樣做

01 杏鮑菇按照原本的形狀切成5公分的厚片。香菇拔掉蒂頭，切成條狀。鴻喜菇切掉底部，分成一根一根備用。

02 洋蔥切成丁狀。萵苣撕成一口大小，放入冷水浸泡後撈出瀝乾。

03 平底鍋加熱後，倒入一大匙的橄欖油，充分翻炒洋蔥直到顏色變透明。

04 用同一隻鍋子炒菇類，倒入兩大匙的橄欖油，加入鹽和胡椒調味，用大火翻炒2~3分鐘。

05 雞尾蝦解凍後，用滾水稍微汆燙並對半切開。

06 盤底用撕成一口大小的萵苣鋪滿，放上炒過的香菇、洋蔥、雞尾蝦，最後淋上佐醬。

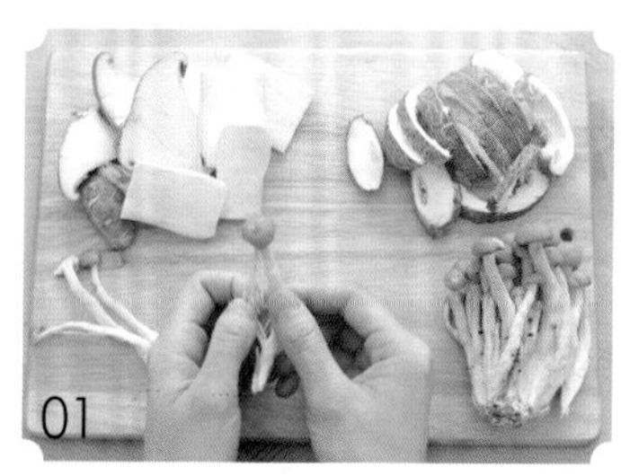
01

04

雞肉韭菜沙拉

性溫的雞肉配上性涼的韭菜、
人蔘、蒜頭…等蔬菜一起食用，
就成為一道食補料理。
搭配上酸甜的奇異果鳳梨佐醬，
便可以減少韭菜的辣味。

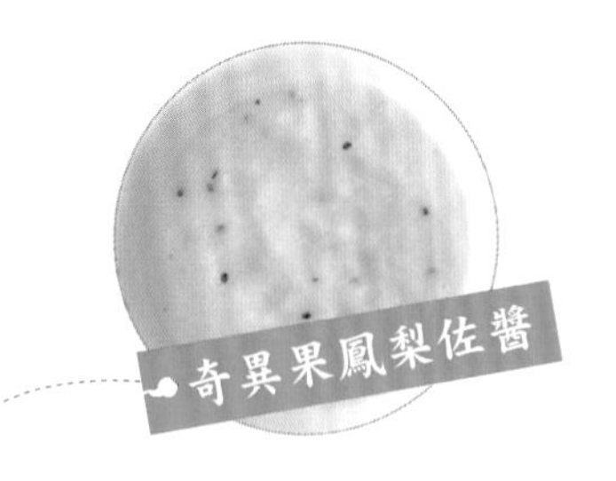

材料

雞腿肉2隻、
細韭菜100g、
梨子1/4個、
洋蔥1/4個、
紅辣椒1/2個

花枝醃漬醬
白酒1大匙、鹽．胡椒少許

奇異果鳳梨佐醬
奇異果 1/2 個、鳳梨 1/2 片 (15g)、洋蔥 1/4 個、橄欖油 3 大匙、醋 2 大匙、砂糖 1 小匙、鹽 1 小匙

跟著這樣做

01 雞腿肉切成2公分長的四方形，用醃料稍微醃漬後，放入加熱好的平底鍋煎熟。
02 細韭菜切成5公分長，放入冷水中浸泡後撈出。
03 梨子、洋蔥、紅辣椒切成5公分的細絲，放入冷水中浸泡後撈出。
04 佐醬材料中的奇異果、鳳梨、洋蔥切成塊狀後，和其他材料一起放入攪拌機中混合均勻。
05 將韭菜、梨子、洋蔥、紅辣椒混合均勻擺放至盤中，將煎熟的雞肉放在最上面，最後淋上佐醬即完成。

01

04

Cooking Point

雞腿部位因為運動量較大，所以口感會比雞胸肉來的有彈性。但相較之下，雞皮和脂肪的含量較高，若您正在減肥，料理前一定要刮掉雞皮和多餘的脂肪。

橡實凍薺菜沙拉

橡實凍的吃法中，
除了將橡實凍洗乾淨沾醬食用，
也可以將它煎過再品嘗。
煎過以後，橡實凍將會變得更有彈性，
且其特有的澀味也會消失不見。

材料

橡實凍1塊、
薺菜1把(100g)、
洋蔥1/4個、
紅辣椒1/2個、
食用油．鹽少許

剝皮辣椒佐醬

剝皮辣椒末(或青陽辣椒)1大匙、剝皮辣椒醬油3大匙(或醬油2大匙、醋1大匙、糖1小匙)、麻油1大匙、芝麻鹽2小匙、蒜末1小匙

跟著這樣做

01 橡實凍切成正方形的厚片。平底鍋中倒入食用油，將橡實凍煎至外表酥脆。

02 將薺菜外部的葉子拔掉後洗乾淨。較粗的薺菜分成2~3等份，用鹽水稍微燙過。

03 洋蔥和紅辣椒切成4公分長的細絲。

04 剝皮辣椒佐醬的材料混合均勻備用。

05 煎好的橡實凍擺放入盤中，將薺菜、洋蔥、紅辣椒混合均勻後，淋上佐醬即完成。

Cooking Point

薺菜的殘根較多時，要記得多洗幾次，若沒有洗乾淨就直接生吃，很有可能會吃到殘留的沙泥。薺菜過於粗大時，吃起來口感會很韌，所以要將薺菜分成較細的纖維後再汆燙。

甜椒鮪魚肚沙拉

色彩豐富的甜椒和清爽的梨子，
再搭配上鮪魚罐頭，
一道五色均衡的健康沙拉就完成了。

材料

黃椒・橘色甜椒・紅椒・綠色甜椒各1個、
梨子1/2個、
鮪魚罐頭[小]1個、
菊苣5片、
糖少許

蒜頭沙拉佐醬
蒜末2大匙、香芹末1小匙、橄欖油3大匙、檸檬汁2大匙、香醋1小匙、砂糖1小匙、鹽1小匙

跟著這樣做

01 除掉甜椒的籽，切成5公分長的細絲。
02 梨子去皮後，切成半圓形狀，泡在糖水中一會兒後撈出。
03 鮪魚用滾水淋過，放在濾網中瀝乾。菊苣撕成一口大小，放入冷水中後撈起瀝乾。
04 平底鍋放入佐醬材料中的橄欖油，接著加入蒜末、香芹末用小火慢炒。
05 飄出蒜頭香後，放入佐醬中的其他食材，並關火。
06 將甜椒、梨子、鮪魚、菊苣呈盤，最後淋上沙拉醬。

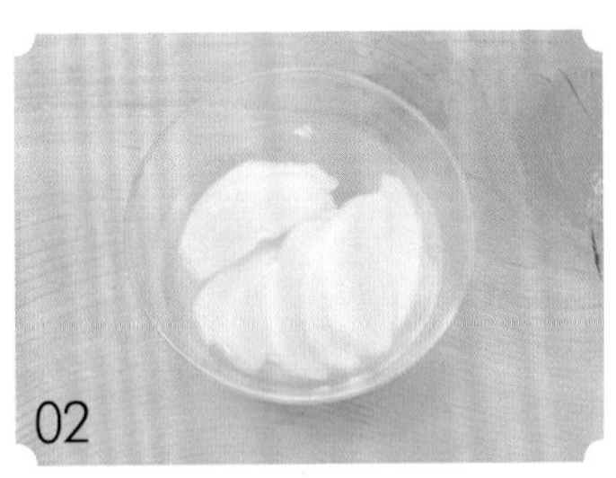
02

04

Cooking Point

若使用大火造蒜頭，蒜頭容易焦掉且產生苦味。因此請使用小火慢炒，等待蒜頭的香味飄出。

大蔥烤豬肉沙拉

我們經常烤梅花肉片來吃，
也經常會將它煮成鍋物料理。
梅花豬肉搭配大蔥，
不僅可以調和豬肉屬涼的特性，
還可抑制肉的腥味。

材料

梅花肉片200g、
大蔥4根、
洋蔥1/4個、
生菜10片、
菊苣3株

醃料
鹽．胡椒少許

生薑油醋醬
生薑液 2 小匙、醬油 2 大匙、海帶鰹魚高湯兩大匙、醋 2 大匙、糖 1 大匙、麻油 2 小匙、芝麻粒 1 小匙

跟著這樣做

01 豬肉切成適合入口的大小，用醃料醃漬靜置一會。
02 大蔥和洋蔥切成5公分長的細絲，放入冷水浸泡後撈起瀝乾。
03 生菜和菊苣撕成一口大小，放入冷水浸泡後撈起瀝乾。
04 平底鍋放入佐醬的材料稍微熬煮至小滾，接著放入醃好的豬肉片，如同燉煮般的將豬肉煎熟。
05 盤中放入混合均勻的大蔥、洋蔥、生菜、菊苣，烤好的豬肉放在蔬菜上面，最後淋下平底鍋中剩餘的醬汁即完成。

Cooking Point

利用佐醬把肉類煎熟，並把溫熱的佐醬汁淋到沙拉上，除了可以降低蔥的辣味外，還能增添肉的香味。

真鯛蔬菜沙拉

金黃色的真鯛搭配上蔬菜一起擺盤，
一道如同排餐的特色沙拉就完成了。
另外，韭菜味十足的韭菜油醋醬能幫助消除魚腥味。

韭菜油醋醬

細韭菜 (矮韭) 末 5 大匙、醋 3 大匙、醬油 2 大匙、砂糖 1 大匙、辣椒粉 2 小匙、芝麻鹽 2 小匙、蒜末 1 小匙

材料

冷凍鯛魚肉200g、
生菜15片、
青芥菜5片、
紫芥菜5片、
洋蔥1/4個、
紅辣椒1/2個、
食用油少許

醃料
鹽．胡椒粒少許

跟著這樣做

01 韭菜油醋醬的材料混合均勻備用。

02 真鯛魚片用醃料醃漬，平底鍋倒入食用油中，將真鯛魚片煎熟。

03 生菜和芥菜撕成適合入口的大小，放入冷水中浸泡後撈起瀝乾。

04 洋蔥和紅辣椒切成4公分長的細絲，放入冷水中浸泡後撈起瀝乾。

05 蔬菜混合均勻後呈盤，煎熟的鯛魚片放在蔬菜上面，最後淋上佐醬即完成。

01

02

Cooking Point

- 韭菜要切成細末才能發揮韭菜的香味，並製作出具有濃濃韭菜香的沙拉佐醬。另外，韭菜味道的濃度會隨著時間增加，因此建議一開始就先做好備用。
- 平底鍋一定要充分加熱後，再放上真鯛魚片煎炒，如此一來肉汁才不會流失。

火腿高麗菜甜椒沙拉

平常討厭吃沙拉的孩子，發現沙拉中的火腿後，
也會乖乖的一口接一口地將沙拉吃下肚。
購買火腿時，一定要特別注意有沒有使用奇怪的化學添加物。
料理前，記得先用熱水將火腿燙過，把不好的成份去掉。

材料

火腿150g、
高麗菜3片、
黃椒．橘色甜椒．紅椒．綠色甜椒各1/2個、
洋蔥1/4個、
食用油適量

番茄紫蘇佐醬
切成丁狀的番茄3大匙、紫蘇末2大匙、橄欖油3大匙、醋2大匙、香醋1大匙、醬油1大匙、糖1大匙、鹽．胡椒少許

跟著這樣做

01 火腿切成1.5公分的正方形，用滾水燙過後，放在濾網上瀝乾。平底鍋加入食用油，放入火腿拌炒至金黃色。
02 高麗菜、甜椒、洋蔥切成5公分長的細絲，放入冷水中浸泡後撈起瀝乾。
03 番茄紫蘇佐醬的材料混合好備用。
04 高麗菜、甜椒、洋蔥混合後呈盤，放上煎過的火腿，最後淋上沙拉佐醬即完成。

Cooking Point

- 火腿或魚丸類的加工食品切開後再汆燙，將可去除掉更多不好的化學添加物。
- 番茄剝皮並把籽去掉，僅將果肉部分切成丁狀。
- 紫蘇葉洗乾淨捲成一捲，您也可以輕易地切出漂亮的細末。

甜蝦小黃瓜高麗菜沙拉

蝦子因為其特有的甜味，讓許多人都很愛食用。
蝦子搭配上清爽的蔬菜和刺激食慾的芥末松子佐醬，
一道能夠擺上餐桌招待客人的沙拉就完成了。

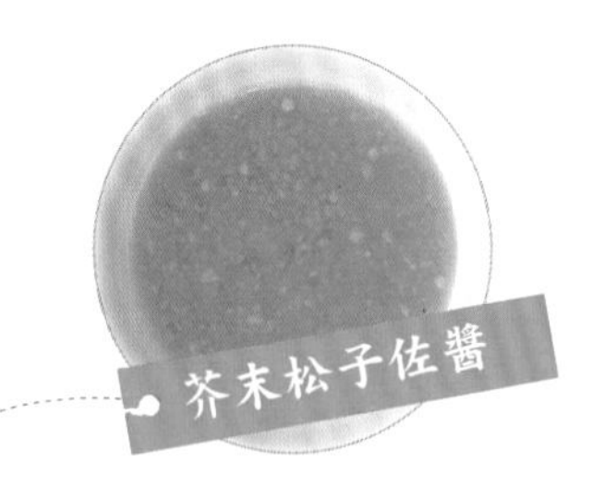

材料

蝦子(中蝦)8隻、
小黃瓜1個、
高麗菜1片、
洋蔥1/4個、
菊苣3株、
鹽少許

芥末松子佐醬
較不辣的芥末醬1大匙、松子粉1大匙、水2大匙、醋2大匙、麻油1大匙、砂糖1大匙、鹽1小匙

跟著這樣做

01 去除蝦子的內臟，並用鹽水燙熟。蝦殼僅留尾巴部分，其他部份全數剝掉。
02 小黃瓜切成5公分長的長方形薄片。
03 高麗菜和洋蔥切成5公分長、1公分寬的薄片。菊苣則撕成一口大小，放入冷水中浸泡後撈起瀝乾。
04 芥末松子佐醬混合均勻備用。
05 處理好的蝦子放入碗中，加入些許佐醬拌勻。接著再放入蔬菜，加入剩餘的佐醬，整個混合均勻即完成。

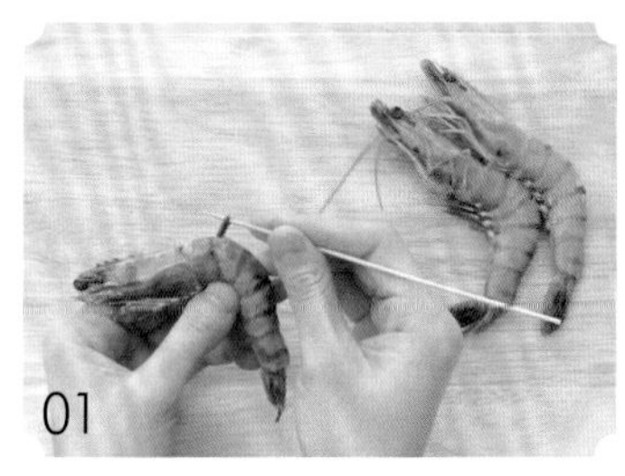
01

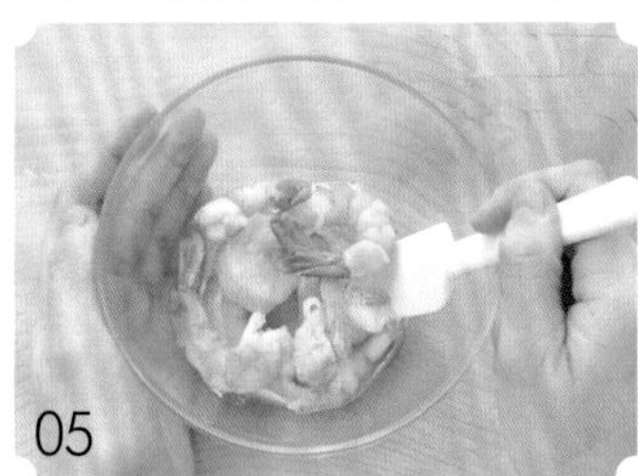
05

Cooking Point

用竹籤將蝦背上的沙筋挑出後汆燙，如此一來就不會吃到沙子。另外，留下蝦尾部份的殼供食用，攝取蝦殼中所含的甲殼素，甲殼素可以降低膽固醇的吸收量。

銀魚乾嫩豆腐沙拉

將銀魚烤酥脆後，放到豆腐和蔬菜上，
平凡的沙拉料理馬上變身成一道特色沙拉。
銀魚擁有豐富的鈣質，
也可以當成小孩子的點心。

青蔥醬油佐醬

切碎的細蔥 4 大匙、醬油 2 大匙、醋 2 大匙、砂糖 1 大匙、麻油 1 大匙、芝麻鹽 2 小匙

材料

嫩豆腐1塊、
番茄1/2個、
萵苣5片、
小黃瓜1/4個、
紅蘿蔔1/3個、
銀魚乾1片、
食用油些許

跟著這樣做

01 嫩豆腐放在濾網上瀝乾豆腐水，用湯匙將豆腐壓碎後備用。

02 番茄拔掉蒂頭後，均分成六等份。小黃瓜和紅蘿蔔切成5公分長的細絲。

03 萵苣撕成一口大小，放入冷水中浸泡後撈起瀝乾。

04 銀魚乾切成6X4公分的大小，平底鍋倒入食用油加熱，將銀魚乾煎至金黃色。煎好後，將銀魚乾用廚房紙巾擦一擦。

05 青蔥醬油佐醬的材料混合均勻，放入冰箱保存。

06 蔬菜放入盤中，接著放入豆腐和銀魚乾，最後淋下沙拉佐醬後即完成。

01

04

Cooking Point

- 處理嫩豆腐之前，一定要將豆腐水瀝乾，豆腐吃起來才有彈性，且不易碎裂開來。
- 用廚房紙巾擦去銀魚乾上多餘油脂，銀魚乾吃起來會較爽口。

牛排沙拉

牛排富含蛋白質和脂肪，適合用來補充營養，
不過其所含的維他命和食物纖維質則不足夠。
因此料理牛排時，請搭配上豐富的蔬菜，
不僅可均衡營養，也較不會感到油膩。

材料

牛脊肉200g、
綠生菜20片(50g)、
紫生菜20片(50g)、
芥菜5片(10g)、
洋蔥1/4個、
紅蘿蔔1/6個、
鹽．胡椒少許

醬油香醋佐醬
醬油 2 大匙、香醋 2 大匙、橄欖油 3 大匙、檸檬汁 1 大匙、蒜末 1 小匙、胡椒少許

跟著這樣做

01 牛肉去血水後，用鹽巴和胡椒調味。平底鍋加熱過後，放入牛肉煎至金黃色。

02 生菜和芥菜撕成一口大小，放入冷水中浸泡後撈起瀝乾。

03 洋蔥、紅蘿蔔切成5公分長的細絲，放入冷水中浸泡後，撈起瀝乾。

04 在盤中將蔬菜混合均勻，將烤好的牛肉切成適當的大小擺在蔬菜上，最後淋上醬油香醋佐醬即完成。

Cooking Point

牛肉醃漬太久的話，肉質會變硬。在要煎烤的前10分鐘再調味即可，或是一邊煎一邊調味即可。

利用牛排沙拉剩餘的材料製作成
的法式牛排三明治

法式牛排三明治

製作牛排沙拉時，
若有剩餘的肉類和蔬菜，
可以搭配長棍麵包做成美味三明治。
這道營養豐富的三明治
也可以當成午餐便當。

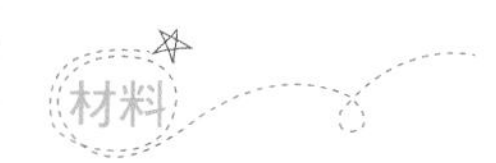

牛脊肉200g、萵苣2片、芥菜3片、番茄1個、小黃瓜1/2個、洋蔥1/2個、長棍麵包(小)1個、美奶滋2大匙、鹽・胡椒少許、醬油香醋佐醬3大匙

跟著這樣做

01 牛肉去血水後，用鹽巴和胡椒調味，放入熱好的平底鍋中，煎熟至金黃色，並切成一片一片。

02 長棍麵包切成2等份後對半切開，但不要切斷。

03 萵苣和芥菜撕成適合入口的大小，番茄、洋蔥、小黃瓜按照形狀切成薄片。

04 長棍麵包的兩面都塗上美乃滋，夾上萵苣、芥菜、小黃瓜、番茄、洋蔥和牛肉，最後淋上醬油香醋佐醬。用紙張將麵包包起，或用線將麵包綁起固定。

小章魚蔬菜沙拉

春天，用充滿卵的小章魚搭配上甜味十足的小白菜吧！
可以幫助您找回失去的胃口，
是一道能讓您充滿活力的沙拉。

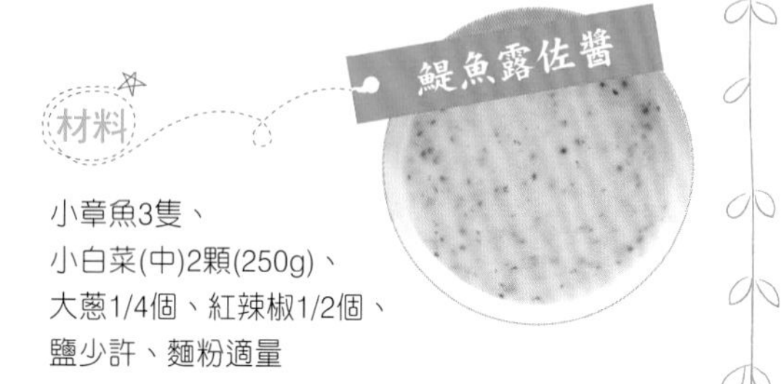

材料

小章魚3隻、
小白菜(中)2顆(250g)、
大蔥1/4個、紅辣椒1/2個、
鹽少許、麵粉適量

鯷魚露佐醬

鯷魚露 3 大匙、水 4 大匙、辣椒粉 2 大匙、芝麻鹽 2 大匙、砂糖 1 大匙、蒜末 1 大匙、麻油 1 大匙

跟著這樣做

01 小白菜撕成一口大小，用淡鹽水稍為醃漬後，將水分擠乾。

02 去除小章魚的內臟，用麵粉搓揉洗乾淨後，最後再用鹽水沖淨，並放在濾網上瀝乾。等到水份完全瀝乾後，放入滾水中汆燙，並切成一口大小。

03 大蔥切成4~5公分長，洋蔥和紅辣椒則切成細絲。

04 在大碗中將鯷魚露佐醬的材料混合，再把所有的材料丟入碗中輕輕拌勻。

Cooking Point

清洗海鮮時，建議您使用不會太鹹的鹽水清洗，而不使用一般的清水。用鹽水清洗不僅能維持海鮮的新鮮度，海鮮特有的海味也較不會流失。

做法簡單，但是每天都想吃！

加入那關鍵的1%，好吃到可以出國比賽的沙拉！

容易被忘記的第一步！
基本沙拉

涼拌高麗菜

荷蘭語中的Coleslaw
指的就是「冰涼的高麗菜」。
用高麗菜做為主食材，
您也可以搭配上各式各樣的食材進行活用。

材料

高麗菜5片、
紅蘿蔔1/6個、
小黃瓜1/4個、
罐頭玉米粒3大匙、
葡萄乾1大匙、
鹽少許

美乃滋沙拉佐醬

美乃滋 3 大匙、醋 1 大匙、檸檬汁 1 小匙、鹽 1 小匙、糖 1/4 小匙、香芹粉‧白胡椒粉少許

跟著這樣做

01 高麗菜、紅蘿蔔、小黃瓜切成5公分長的細絲，撒上些許鹽巴醃漬靜置，將排出的水分擰乾。

02 玉米用滾水燙過，放在濾網上瀝乾水分。乾葡萄放在濾網上，用流動的水洗乾淨。

03 美乃滋沙拉佐醬的材料混合均勻後備用。

04 將所有的材料放在碗中混合均勻，最後淋上佐醬拌勻。

01

02

Cooking Point

高麗菜、紅蘿蔔、小黃瓜用鹽巴醃漬處理後，即便放久也較不會出水，吃起來的口感依然清脆。

紐奧良雞肉沙拉

在家不管怎麼煮，
就是煮不出家庭餐廳中賣的紐奧良雞肉的口味嗎？
紐奧良雞肉美味的秘密就在於「紐奧良醬料」。
只要按照cooking point的方式，
你也可以做出好吃的自製紐奧良雞肉。

蜂蜜芥末佐醬

美乃滋 4 大匙、黃芥末 1 大匙、蜂蜜 1 大匙、檸檬汁 2 大匙、鹽・胡椒少許

材料

雞胸肉2片、
萵苣5片、
紫菊苣3株、
菊苣4株、
小番茄4顆、
黃椒・橘色甜椒・洋蔥各1/4個、
油炸用油適量

醃料

紐奧良辣粉2小匙、麵包粉2大匙、蛋白2大匙

跟著這樣做

01 雞胸肉切成1.5公分的厚長片，用醃料醃漬後靜置。
02 萵苣、紫菊苣、菊苣撕成一口大小，放入冷水浸泡後撈起瀝乾。
03 小番茄切成2~4等份，黑橄欖按照形狀切成薄片。
04 甜椒和洋蔥切成5公分的細絲。
05 醃好的雞肉用170度高溫的油炸至金黃色。
06 蔬菜混合均勻放入盤中，炸好的雞肉放在蔬菜上，最後淋上蜂蜜芥末佐醬即完成。

Cooking Point

紐奧良辣粉是法國人移民至美國路易安那州後，利用蒜頭、洋蔥、辣椒、胡椒、芥菜、芹菜等材料混合製造而成的調味料。如果家中沒有紐奧良辣粉的話，將鹽、胡椒、辣椒粉(Paprika)芹菜粉混合在一起後，自製的紐奧良辣粉就完成了

含羞草沙拉

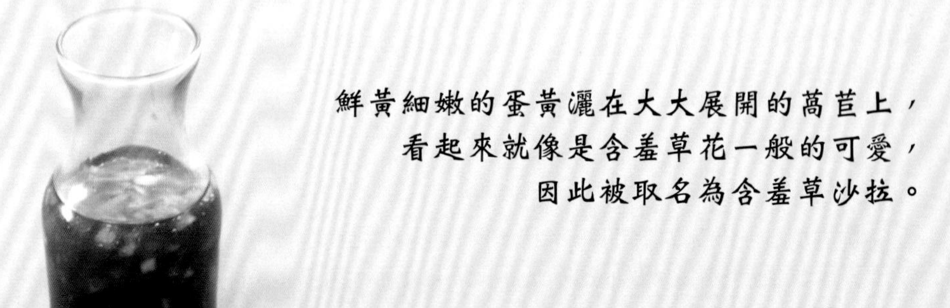

鮮黃細嫩的蛋黃灑在大大展開的萵苣上，
看起來就像是含羞草花一般的可愛，
因此被取名為含羞草沙拉。

材料

萵苣1顆、
小黃瓜1個、
雞蛋2個、
小番茄5個、
火腿50g、
美乃滋3大匙

法式油醋醬
橄欖油3大匙、紅酒醋2大匙、洋蔥末1大匙、檸檬汁1大匙、砂糖2小匙、鹽1小匙、蒜末1小匙

跟著這樣做

01 選擇體積小但肥大的萵苣，從根部將菜心挖起，中間變成方形的空心狀。
02 小黃瓜和火腿切成5mm大小。
03 小番茄切成4~6等份，雞蛋完全煮熟後，將蛋白切成末，蛋黃則用濾網過濾成細末。
04 小黃瓜、火腿、小番茄、蛋白和美乃滋混合，放入萵苣的空心部位。將整顆萵苣用保鮮膜包起，放入冰箱冷藏30分鐘。
05 30分鐘後，將保鮮膜撕掉。萵苣沿對角線方向切成6等份，讓萵苣像花一般綻開。
06 萵苣呈盤後，灑上蛋黃末，最後淋上法式油醋醬即完成。

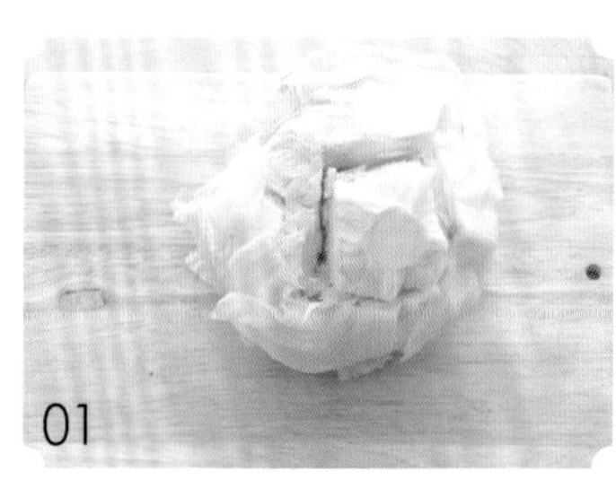
01

04

高麗菜芹菜沙拉

千島醬字面上的意思是「一千個島的佐醬」，
因此醬料中必須要有無數的小顆粒存在，
享受吃醬料的口感。
將佐醬所有材料混合均勻後，
最後再用酸酸甜甜的酸黃瓜醬汁調整佐醬濃度，
讓千島醬不會太濃或太稀。

材料

高麗菜5片、
芹菜2根

千島沙拉醬
美乃滋 3 大匙、酸黃瓜湯汁 2 大匙、番茄醬 1 大匙、洋蔥末 1 大匙、酸黃瓜末 1/2 大匙、熟雞蛋 1 顆切碎、紅椒末 1 大匙、青椒末 1 大匙、檸檬汁 1 大匙、香芹末 1 小匙、鹽 1/2 小匙、白胡椒少許

跟著這樣做

01 高麗菜切成6公分長度的細絲；芹菜去除過粗的纖維質後，切成6公分的細絲。
02 混合千島沙拉醬的所有材料，材料中的酸黃瓜湯汁請最後再加入，調整出適當的濃淡。
03 高麗菜和芹菜混合均勻呈盤，最後淋上沙拉醬即完成。

Health info >> 芹菜

芹菜含有維他命A、維他命C、鈉、鈣質…等營養，本身含有的谷氨酸，讓芹菜有著特殊且迷人的風味。沙拉通常不使用芹菜的葉子，但您可將葉子活用在熱炒料理或做成精力湯，便可以攝取到葉子中所含的豐富維他命A。

經典華爾道夫沙拉

由華爾道夫飯店廚房所發明的沙拉，
故稱做華爾道夫沙拉。
核桃的香味和蘋果的甜味融合在一起，
是一道非常有魅力的沙拉料理。

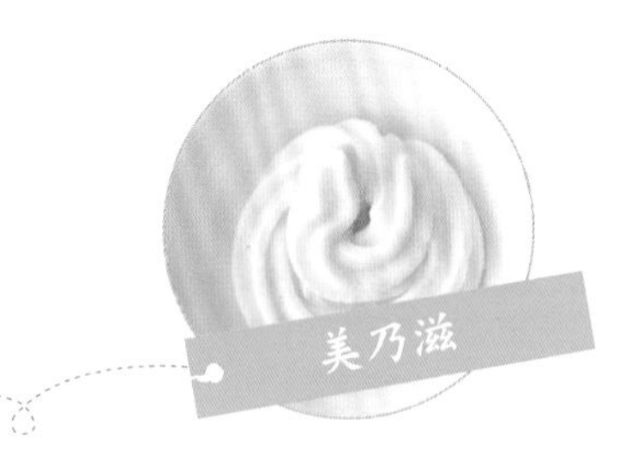

美乃滋
4 大匙

材料

高麗菜5片、
芹菜1根、
蘋果1個、
核桃5~6個、
鹽．胡椒．香芹粉少許

跟著這樣做

01 高麗菜切成1.5公分大小的方形，灑上鹽和胡椒後，靜置15分鐘。
02 高麗菜出水後，用廚房紙巾輕壓吸乾水分。
03 去除芹菜的粗纖維後，切成1公分大小的塊狀。
04 蘋果連皮洗淨，去籽後切成1.5公分的塊狀。
05 核桃用乾炒後壓碎。
06 高麗菜、芹菜、蘋果放入碗中，用鹽和胡椒調味後，和美乃滋攪拌均勻。
07 將步驟06的用料擺盤，灑上核桃和香芹粉即完成。

Cooking Point

高麗菜醃至出水後再使用，如此一來即使久放也不容易再出水。

馬鈴薯豆泥

馬鈴薯豆泥除了可以用冰淇淋挖勺弄成圓球狀外，
偶爾弄成圓頂形狀放在大盤子上呈現也很漂亮。
口感綿密的馬鈴薯豆泥淋上清爽的佐醬後，
一道增添宴會氣氛的料理就完成了。

美乃滋柚子清佐醬

美乃滋 4 大匙、柚子清醬 2 大匙、鹽 1 小匙、胡椒和糖少許

材料

馬鈴薯(中)2個、
綜合豆1/2杯、
鹽少許

跟著這樣做

01 馬鈴薯蒸熟趁熱剝皮，並將之壓碎。
02 綜合豆洗乾淨後，用鹽水煮熟後撈起。
03 美乃滋柚子清佐醬的材料混合均勻備用。
04 馬鈴薯和綜合豆用佐醬拌勻即完成。

Cooking Point

- 豆子煮太久的話，會產生豆醬的味道，但若沒有煮熟的話，又會有豆臭味產生。鍋中倒入和豆子一樣高的水量，加一點鹽巴燉煮，待豆子變色且有煮熟的味道飄出時，關火並蓋上蓋子，用鍋中的餘熱將豆子徹底悶熟。
- 用柚子清取代醋加入美奶滋中，不僅可以增添佐醬的甜味，並讓口感變得更加清爽。

經典凱薩沙拉

鳳尾魚(Anchovy)
對我們而言是較為陌生的食材，
不過只要將它想成「西洋魚露」
就容易理解得多。
如果想要品嚐歐洲風味的經典沙拉，
推薦您嘗試經典凱薩沙拉。

材料

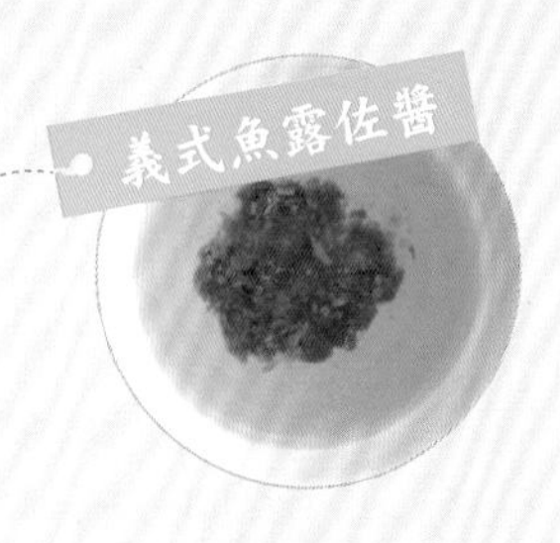

蘿蔓生菜1株、
黑橄欖5個、
帕馬森起司粉2大匙

義式魚露佐醬
義式魚露1大匙(或鯷魚露)、橄欖油3大匙、
鹽胡椒少許

跟著這樣做

01 蘿蔓生菜洗淨，將根部切掉後，再對半切成長條形。
02 黑橄欖切成圓圈片狀。
03 義式魚露佐醬的材料混合均勻備用。
04 蘿蔓生菜鋪在盤底，灑上黑橄欖和佐醬，最後再灑上帕馬森起司粉即完成。

葡萄乾南瓜泥

經常出現在自助沙拉吧上
的葡萄乾南瓜泥！
作法十分簡單，
您可以將之活用在便當料理中，
或是當成孩子們的營養點心。

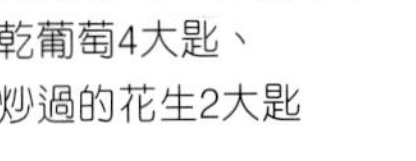

南瓜1/3個、洋蔥1/4個、
乾葡萄4大匙、
炒過的花生2大匙

柚子清優格佐醬
柚子清 2 大匙、原味優格 1/2 杯、
檸檬汁 1 大匙、鹽 1/2 小匙、白胡椒少許

跟著這樣做

01 南瓜蒸熟後，趁熱用濾網將之過濾。
02 乾葡萄放在濾網上，用流動的水洗乾淨，待膨脹柔軟後切碎。
03 洋蔥切成細末，並將水分擠乾淨。
04 花生炒過後，壓成有口感的小碎粒(勿全壓碎)。
05 完成柚子清優格佐醬，最後和其他的材料一起混合均勻即完成。

Cooking Point

南瓜要趁熱才過得了濾網的洞。將蒸好的南瓜切成塊狀，用湯匙輔助壓碎南瓜，過濾南瓜泥。

一口沙拉

利用小番茄和小黃瓜做成的可愛一口沙拉，
不僅可以當作下課後孩子們的點心，
更適合當作老公喝冰涼啤酒時的美味下酒菜。

材料

小番茄10個、
小黃瓜1個

填充餡料

一般鮪魚罐頭[小]1個、洋蔥末3大匙、芹菜末1大匙、美奶滋1大匙、黃芥末1小匙、鹽．胡椒少許

跟著這樣做

01 小番茄拔掉蒂頭，從上方1/3處剖開，用小湯匙將果肉挖出。
02 小黃瓜稍微去皮，切成3公分長，用小湯匙將籽挖掉。
03 鮪魚放在濾網上，用熱水淋下後，去除多餘的油脂。
04 將步驟03和填充餡料的其他材料一起混合備用。
05 用步驟04的填充餡料將小黃瓜和小番茄塞滿即完成。

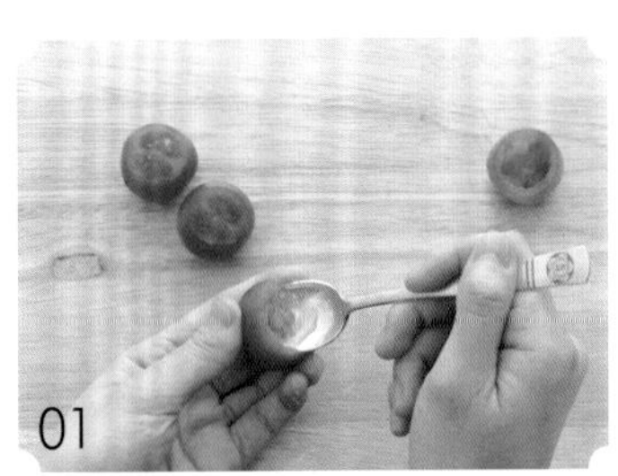
01

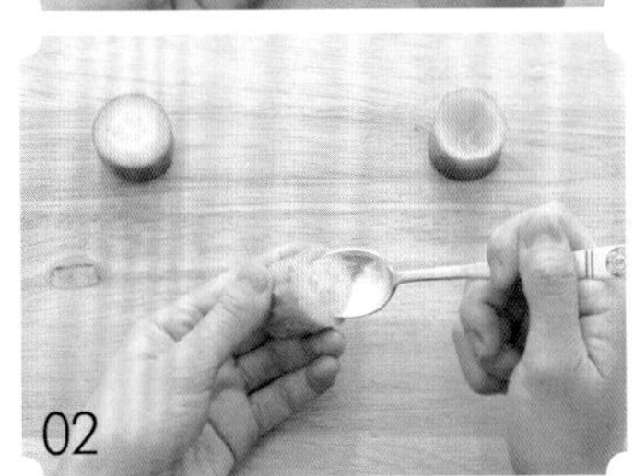
02

Cooking Point

小番茄和小黃瓜是當作碗盤的功能，所以在挖除果肉時，小心注意底部不要挖出破洞。

利用葡萄乾南瓜泥．一口沙拉的剩餘材料做成的

南瓜牛奶＆番茄小黃瓜汁

營養滿分的南瓜遇上了，
所做成的飲料，
即便只喝一杯，
也能帶來飽足感，
可以當做早餐食用。
不少人討厭小黃瓜的味道，
但若搭配上番茄，
一杯爽口的飲料就完成了。

南瓜牛奶

材料

南瓜1/6個、牛奶1杯、蜂蜜適量

跟著這樣做

01 南瓜去皮去籽後，放在蒸鍋中蒸熟。

02 蒸熟的南瓜切成塊狀，放入攪拌機中混合均勻。按照各人喜好加入蜂蜜即完成。

番茄小黃瓜汁

材料

番茄1個、小黃瓜1/2個、檸檬汁1小匙、冰水1杯、蜂蜜適量

跟著這樣做

01 番茄丟入滾水中燙熟，去皮後切成塊狀。

02 小黃瓜大致去皮，切成塊狀。

03 番茄、小黃瓜、冰水、檸檬汁放入攪拌機中混合均勻，按照個人喜好加入適量的蜂蜜。

玉米沙拉

您總是對速食店和便利商店
賣的玉米沙拉抱持著疑心嗎？
不知道裡面放了什麼材料，
也不知道是什麼時候製作的。
現在就教您如何製作
簡單又好吃的玉米沙拉。

美奶滋

材料

玉米罐頭1個、洋蔥1/2個、
紅椒．青椒各1/4個、
橄欖油1大匙、
鹽．胡椒．香芹末少許

美奶滋
2 大匙

跟著這樣做

01 玉米利用滾水燙過後，放在濾網中瀝乾水分。
02 洋蔥、青椒、紅椒切成玉米粒的大小，灑上一些鹽巴稍稍醃漬一下，最後將水分擠乾。
03 玉米、洋蔥、椒類放入碗中，加入美奶滋、鹽、胡椒、香芹粉後，均勻混合即完成。

通心粉沙拉

肚子餓的時候，無聊的時候，
第一個想到的總是通心粉沙拉。
可以用湯匙挖起一口一口吃下，
做法也相當簡單，
因此是許多人喜歡的沙拉料理。

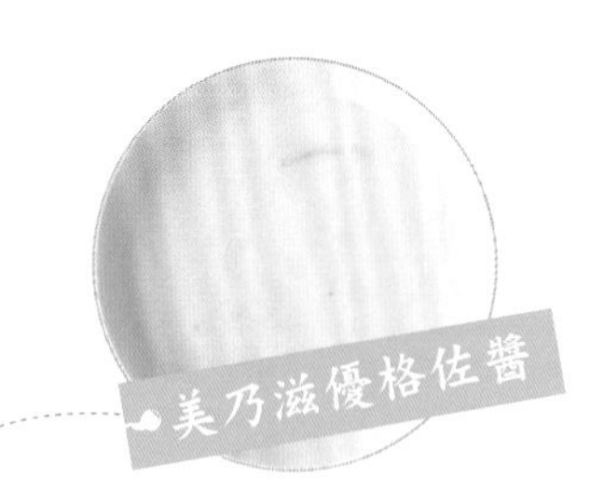

美乃滋優格佐醬

美乃滋 3 大匙、原味優格 3 大匙、醋 2 大匙、檸檬汁 1 大匙、糖 1 大匙、鹽 1 小匙

材料

通心粉1/2杯(50g)、
高麗菜4片、
小黃瓜1/2個、
紅蘿蔔1/6個、
洋蔥1/4個、
罐頭玉米粒3大匙、
乾葡萄2大匙、
碎花生2大匙

跟著這樣做

01 通心粉煮7~12分鐘，待通心粉煮軟後，倒在濾網上放涼。

02 高麗菜、小黃瓜、紅蘿蔔、洋蔥切成1.5公分大小的方形。

03 玉米粒放在濾網上用熱水燙過，乾葡萄用流動的水洗淨後，待其變軟膨脹。

04 在大碗中將所有材料混合均勻，最後淋上美乃滋優格佐醬拌勻即完成。

Cooking Point

根據通心粉大小的不同，所需的烹煮時間也會有所差異。因為是沙拉用的通心粉，所以烹煮的時間需要比平常久一點，讓其吃起來的口感不會過硬。

水果沙拉

提到沙拉，
第一個會想到的就是水果沙拉。
水果沙拉搭配上美乃滋芥末佐醬，
將會讓沙拉變得更加美味。

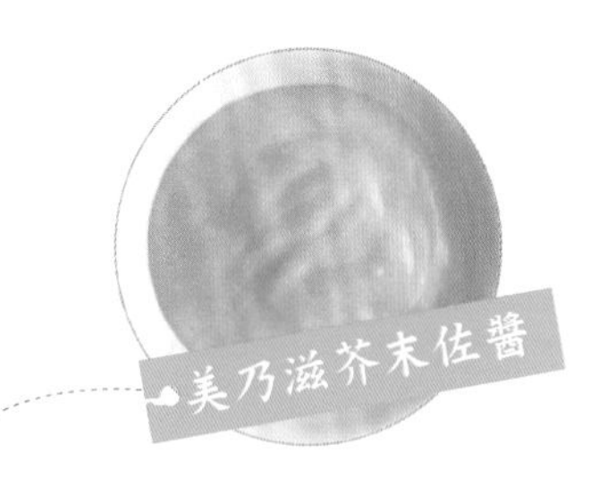

材料

蘋果1個、
甜柿1個、
橘子1個、
小黃瓜1/2個、
紅蘿蔔1/4個、
雞蛋1個

美乃滋芥末佐醬

美乃滋 4 大匙、芥末 1 小匙、檸檬汁 1 大匙、糖 1 大匙、鹽 1/2 小匙、胡椒粉少許

跟著這樣做

01 蘋果、甜柿、橘子剝皮後，切成2公分大小的塊狀。
02 小黃瓜和紅蘿蔔切成1.5公分大小的塊狀。
03 雞蛋煮熟後，蛋白切成丁狀，蛋黃用濾網過濾成細末。
04 將所有材料混合再一起，和美奶滋芥末佐醬拌勻，最後灑上蛋黃末。

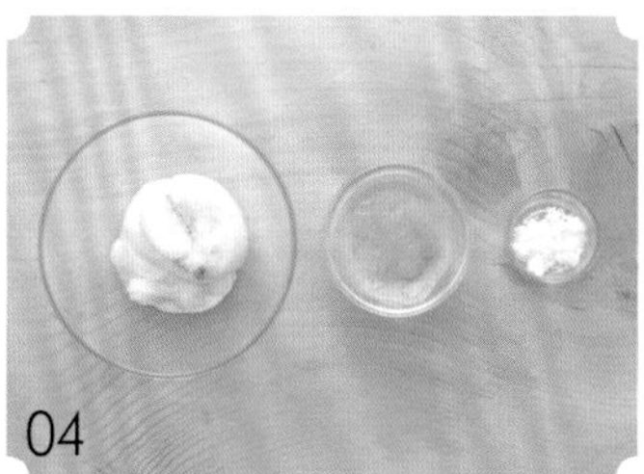

Cooking Point

蛋黃也可以加在佐醬中一起淋下。

地中海式健康沙拉

料理的過程中，
盡量不使用調味料是地中海式健康沙拉的特徵，
沙拉中僅加入新鮮的橄欖油和醋當做調味料。

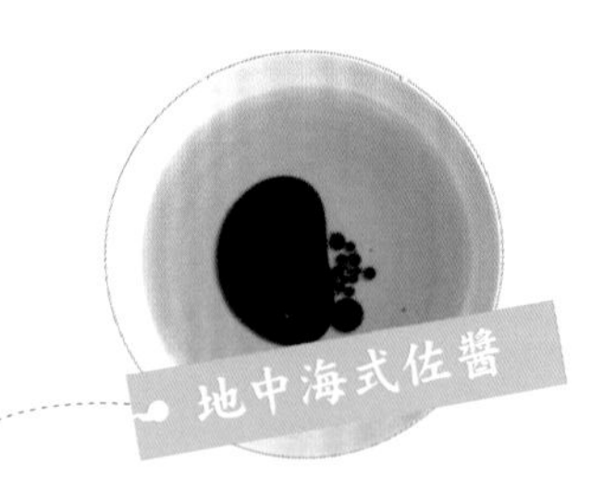

材料

菠菜10株、
磨菇4個、
青椒．紅椒各1/4個、
洋蔥1/4個

地中海式佐醬

橄欖油 3 大匙、香醋 1 大匙、鹽少許

跟著這樣做

01 菠菜放在水中浸泡後洗淨，將菠菜底部切掉並分成一根一根。

02 保留磨菇的形狀切成4~6片。

03 青椒、紅椒、洋蔥切成細絲。

04 在盤子中將所有材料混合均勻，淋上地中海式佐醬即完成。

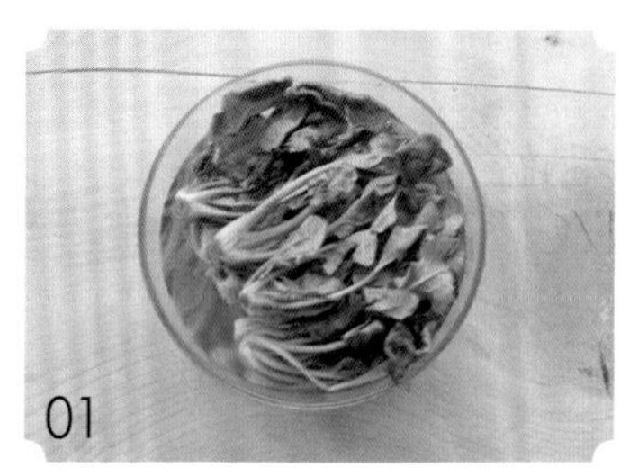
01

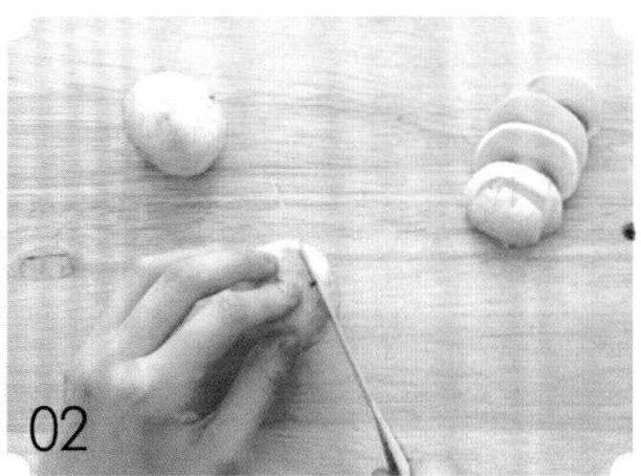
02

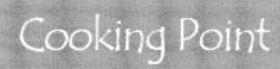

Cooking Point

- 因為直接生吃菠菜，所以建議選擇根部偏紅色的菠菜，更能夠凸顯菠菜的甜味。另外，由於菠菜的根部生長得較密集，所以建議先用冷水泡過再清洗，可以輕鬆有效率地將菠菜與菠菜間的縫隙清洗乾淨。
- 除了菠菜和磨菇外，其他蔬菜的份量不要太多。如果喜歡酸味，可以按照喜好加入紅酒醋或是釀造醋。

大蝦海蜇皮沙拉

用煉乳和芥末做成的佐醬口感柔和，
適合當作飯桌上的配菜。
炎熱的夏天，清涼的海鮮配上好吃的佐醬，
用這道沙拉來轉換心情吧！

材料

大蝦2隻、
海蜇皮1把(80g)、
小黃瓜1個、
紅蘿蔔1/4個、
高麗菜3片、
梨子1/4個、
剝殼栗子2個、
雞蛋1個、
松子粉1大匙

煉乳芥末佐醬

煉乳1大匙、較不辣的芥末1大匙、水2大匙、醋2大匙、糖1小匙、鹽1小匙

跟著這樣做

01 大蝦放在蒸鍋中，烹煮約7分鐘。蝦子熟了以後，剝去蝦殼對半切。

02 海蜇皮去除鹽份後，用滾水燙過，最後放入冰水中浸泡。

03 小黃瓜、紅蘿蔔、高麗菜、梨子洗乾淨後，切成1公分厚，4公分長的大小，浸泡在冷水中後撈起瀝乾。

04 按照栗子的形狀切成薄片。雞蛋煎成荷包蛋樣，切成1公分厚，4公分長的大小。

05 煉乳芥末佐醬調好後，挖出一半的份量和大蝦與海蜇皮拌勻，等到入味後，再次放入蔬菜混合並加入剩餘的佐醬，最後灑入松子粉。

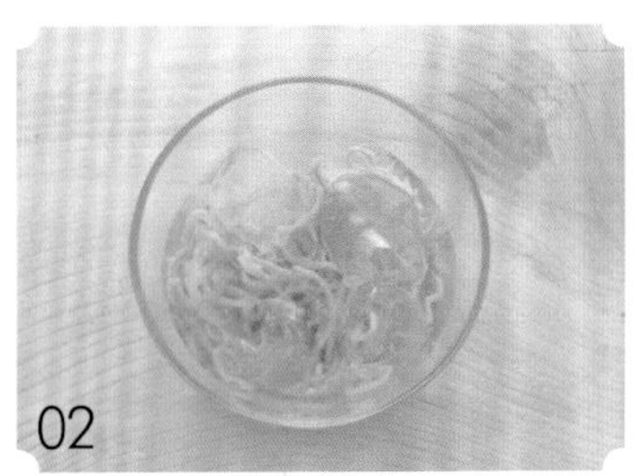
02

05

Cooking Point

海蜇皮汆燙過後，要立刻放入冰水中浸泡，吃起來才會Q彈有勁。

德式馬鈴薯沙拉

馬鈴薯切成新月形，並淋上馬鈴薯佐醬。
將馬鈴薯浸泡在蒸煮馬鈴薯的水中一天，
馬鈴薯吃起來會更加美味。

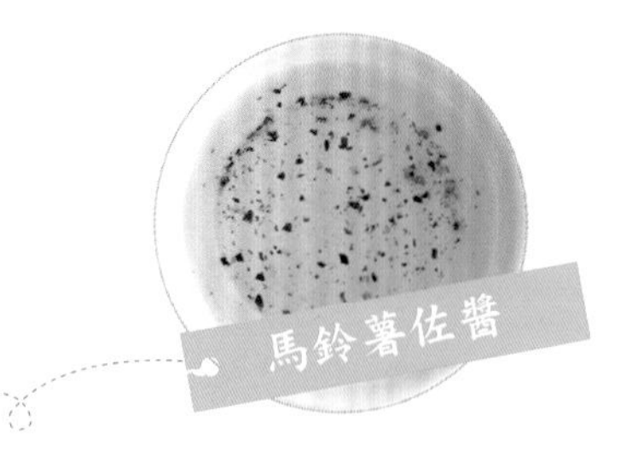

材料

馬鈴薯2個、
洋蔥1/4個、
月桂葉1片、
胡椒粒1/2小匙、
大蔥2根

馬鈴薯佐醬
煮過馬鈴薯的水 4 大匙、醋 2 大匙、橄欖油 2 大匙、鹽 1 小匙、糖 1 小匙、胡椒粒少許

跟著這樣做

01 鍋中放入馬鈴薯、月桂葉、胡椒粒後，放入足夠的水量，將馬鈴薯煮到熟透鬆軟。
02 洋蔥切絲放入冷水浸泡後撈起，大蔥切成細末。
03 馬鈴薯連皮切成新月形(或靴形)。
04 將馬鈴薯佐醬的材料放入碗中混合均勻，接著放入馬鈴薯和洋蔥。
05 將步驟04醃漬30分鐘後，灑上切好的大蔥。

01

04

Cooking Point

馬鈴薯和香料一起熬煮，香料的味道會進入馬鈴薯中，吃起來會更加美味。

義式卡普里風沙拉

雖然沒有華麗的外表，但料理方法十分簡單，
不管是吃的人或是做的人，
大家都喜愛的一道沙拉。
若是正在減肥，
可以利用嫩豆腐代替莫札蕾拉起司，
做出減肥專用的卡普里風沙拉。

材料

新鮮莫札蕾拉起司(Mozzarella)1個、
萵苣2片、
菊苣3株

羅勒香蒜佐醬

羅勒 1 株、橄欖油 3 大匙、帕馬森起司 2 大匙、香醋 1 大匙、松子 2 小匙、蒜頭一瓣、鹽胡椒少許

跟著這樣做

01 番茄橫切成厚片，將莫札蕾拉起司切成和番茄一樣的大小。
02 萵苣和菊苣撕成一口大小，浸泡在冷水中後撈起瀝乾。
03 羅勒香蒜佐醬的材料放入攪拌機中混合均勻備用。
04 盤中放入萵苣和菊苣，番茄和莫札蕾拉起司相間地排在盤中，最後淋上佐醬即完成。

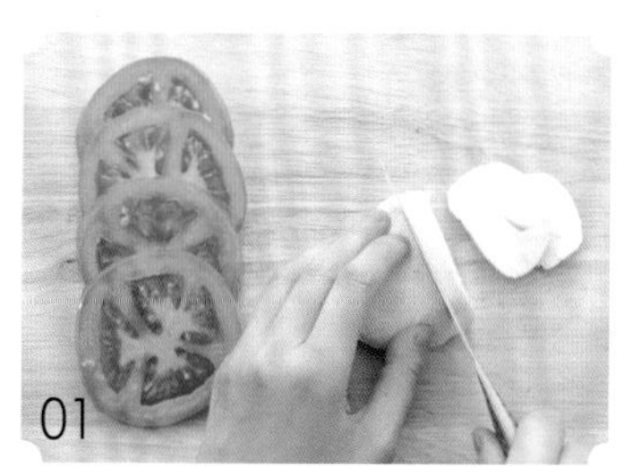
01

03

Cooking Point

佐醬能夠使用新鮮的羅勒葉是最棒的，但若買不到新鮮的羅勒葉，也可以用乾羅勒粉1小匙代替。

用義式卡普里風沙拉剩餘的材料做成

義式卡普里風普切塔

調味過的長棍麵包有著特有的甜味，
搭配上爽口的卡普里風配料，
這是一道所有人都喜歡的點心。

材料

雜糧長棍麵包(小)1個、新鮮莫札蕾拉起司(Mozzarella)1個、小番茄10個、菊苣少許、羅勒香蒜佐醬3大匙

調味

橄欖油2大匙、蒜末1小匙

跟著這樣做

01 雜糧長棍麵包切成1公分的斜厚片。

02 調味的材料混合均勻後，塗抹在厚片麵包的某一面上。烤箱預熱至180度，烤10分鐘，或是放在平底鍋上用小火烤。

03 菊苣撕成一口大小，放入冷水浸泡後撈起瀝乾。

04 小番茄對半切成2等份，新鮮莫札蕾拉起司切成約5mm的厚度，且和小番茄相同大小。

05 烤過的麵包塗上羅勒香蒜醬，最後放上新鮮莫札蕾拉起司和小番茄即完成。

博碩文化－生活風格系列

書號：DS21204
訂價：360 元

我的幸福手作麵包－打造全家健康營養的烘培教科書

誰說泡麵是減重的敵人？誰說減重就要克制吃甜食的欲望？

現在起，透過烹煮日常料理，用「偷吃步」的方式降低餐點熱量！您既可以滿足味蕾，又可以控制每一天的卡路里攝取！

內容分為早、中、晚餐以及假日時光的菜單，另外還有甜點食譜，讓您依所需快速挑選。此外，每道餐點都貼心附上減少的卡路里對照表，製作過程也標示出減少的熱量，並附有製作提醒和注意事項。徹底滿足想控制體重、但也想吃美食的您。

書號：AL10034
訂價：450 元

我的幸福手作麵包－打造全家健康營養的烘培教科書

由基本入門的烘培教科書！在家裡也能自製美味的健康麵包

七大麵包種類，通通 OK ！

作者為了非常喜歡麵包，但是有遺傳性過敏體質的小兒子，開始她的烤麵包人生。在她的食譜裡，可以看到媽媽屏除有害材料，守護自己寶貝孩子的那份懇切心意－－雖然粗糙，但是對身體好的全麥粉、用葡萄籽油取代奶油、一定不會漏掉的堅果類和水果乾…。所有她烤過的麵包就像是充滿營養的飯菜一般，光用看的就覺得吃下去身體會變健康。

書號：AL10031
訂價：420 元

我家陽台有菜園：讓心愛的家人吃出幸福的滋味

市售的蔬菜很難百分之百確定都是天然栽培、無農藥殘留的，為了能夠讓家人吃到更天然、令人安心的蔬果，不如就把自家的陽台打造成菜園，不僅能培育出四季蔬菜，還能同時兼具種植蔬菜和學習料理蔬菜的樂趣！

★專屬陽台菜園的規劃與打造

★ 5 大類蔬果的種植方法與心得分享

★善用親植蔬果調理成可口美食

健康好食、享受美味、品味生活

書號：AL10029
訂價：350 元

樂活甜點萬歲，新手也會做的 42 道食譜：無添加劑！過敏體質免煩惱

無毒宣言！無麵粉、雞蛋、牛奶、奶油、添加劑 ------NO ！

本書作者—賢瑟潾、賢偕潾姐妹，本身因為先天異位性皮膚炎的關係，從小不得不遠離麵包類食物，再加上現在的食品，多半含有人工添加劑，不然就是基因改造過後的食材，不僅營養流失，且容易誘發過敏、肥胖；為了心愛的家人與口腹之欲，她們決心自己製作最天然、無添加劑的糕點、餅乾、派、甜點，並選用有機、非基因改造的食材，做出一道道營養健康、風味絕佳的料理。

書號：AL10024
訂價：290 元

享瘦輕盈美味－簡單又健康的創意手作料理

唯有從日常生活中落實正確飲食的減肥方式，才能吃得滿足，並維持健康苗條的好身材！

書中食譜皆由飯店主廚精心設計，種類包含沙拉、湯、飯、各種風味料理以及小零食，兼顧營養美味與卡路里管理。教您了解各種食材的效用與特性，海帶為何有助於減肥、鮭魚的功用、蛤蜊的保肝功效、地中海式健康飲食、豆渣的功能…等。

另外，也特別針對料理新手，分別條列書中食譜的準備階段與製作過程，材料的標示基準也統一使用一杯、兩杯、大匙、小匙等明確的度量單位來代替公克、公升，讓新手更容易上手實作。

書號：AL10025
訂價：320 元

在家辦趴很簡單—12 種主題派對 100 道點心料理輕鬆準備

舉辦派對絕對不是件困難的事，與心愛的人們一同分享美食、述說從未聽過的故事，一起渡過美好的時光。

本書詳盡地介紹了在市場或超市，甚或是文具店就能取得的材料，用其製作出派對上的小點心、飲品、精緻料理，以及裝飾用品。幫助各位派對主辦人以絕不遺漏且有系統的方法，整理出籌辦派對的完整規劃表，包含 12 種不同目的別的派對、舉辦派對的時間、人員及場所、派對前必備的用具、焦點裝飾、菜單等，製作出充滿誠意的料理，佈置出獨樹一格的派對場所。

讀者回函

GIVE US A PIECE OF YOUR MIND

感謝您購買本公司出版的書，您的意見對我們非常重要！由於您寶貴的建議，我們才得以不斷地推陳出新，繼續出版更實用、精緻的圖書。因此，請填妥下列資料(也可直接貼上名片)，寄回本公司(免貼郵票)，您將不定期收到最新的圖書資料！

購買書號： **書名：**

姓　　名：＿＿＿＿＿＿＿＿＿＿＿＿＿＿＿＿＿＿＿＿

職　　業：□上班族　□教師　□學生　□工程師　□其它

學　　歷：□研究所　□大學　□專科　□高中職　□其它

年　　齡：□10~20　□20~30　□30~40　□40~50　□50~

單　　位：＿＿＿＿＿＿＿＿＿＿部門科系：＿＿＿＿＿＿＿＿

職　　稱：＿＿＿＿＿＿＿＿＿＿聯絡電話：＿＿＿＿＿＿＿＿

電子郵件：＿＿＿＿＿＿＿＿＿＿＿＿＿＿＿＿＿＿＿＿

通訊住址：□□□＿＿＿＿＿＿＿＿＿＿＿＿＿＿＿＿＿＿

＿＿＿＿＿＿＿＿＿＿＿＿＿＿＿＿＿＿＿＿＿＿＿＿＿＿

您從何處購買此書：

□書局＿＿＿＿　□電腦店＿＿＿＿　□展覽＿＿＿＿　□其他＿＿＿＿

您覺得本書的品質：

內容方面：　□很好　□好　□尚可　□差

排版方面：　□很好　□好　□尚可　□差

印刷方面：　□很好　□好　□尚可　□差

紙張方面：　□很好　□好　□尚可　□差

您最喜歡本書的地方：＿＿＿＿＿＿＿＿＿＿＿＿＿＿＿＿

您最不喜歡本書的地方：＿＿＿＿＿＿＿＿＿＿＿＿＿＿＿

假如請您對本書評分，您會給(0~100分)：＿＿＿＿＿分

您最希望我們出版那些電腦書籍：

請將您對本書的意見告訴我們：

您有寫作的點子嗎？□無　□有　專長領域：＿＿＿＿＿

歡迎您加入博碩文化的行列哦！

請沿虛線剪下寄回本公司

Give Us a Piece Of Your Mind

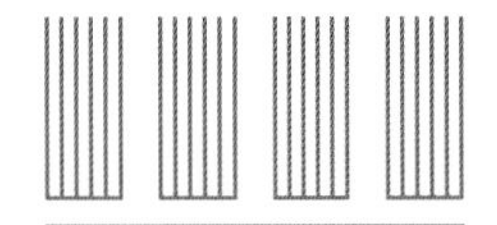

廣 告 回 函
台灣北區郵政管理局登記證
北台字第 4 6 4 7 號
印刷品・免貼郵票

博碩文化股份有限公司　產品部

台灣新北市汐止區新台五路一段 112 號 10 樓 A 棟

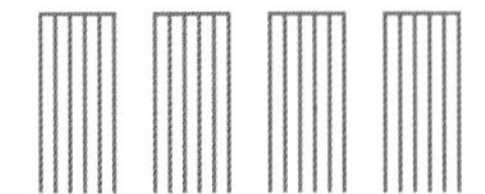

milk

Milk